艺术设计
ARTDESIGN

国家示范性高等职业院校艺术设计专业精品教材

高职高专艺术学门类『十三五』规划教材

JIANZHU ZHUANGSHI SHOUHUI BIAOXIAN JIFA

建筑装饰手绘表现技法

主编　丁春娟　刘文佳　史晓燕　申思明

副主编　王蕊　杨柳　郑亚菲　蔺薛菲

参编　祝恒威　路庆敏　谢辉　李化

张天平　权凤　欧阳玺　赵艺瑾

U0289399

华中科技大学出版社
http://www.hustp.com
中国·武汉

内 容 简 介

建筑装饰手绘表现技法是建筑装饰工程技术专业的主要专业基础课程。建筑装饰手绘表现技法以建筑装饰设计工程为依据，通过手绘直观而形象地表达装饰设计的构思意图和最终效果。建筑装饰手绘表现技法是一门集绘画艺术与工程技术为一体的综合性学科。

本书包括 4 章内容。第 1 章为建筑装饰手绘表现基础，具体包括概述、表现图的分类及绘制程序、专业基础、素描基础、色彩基础、建筑装饰手绘表现的工具与材料。第 2 章为建筑装饰手绘表现技法，具体包括硬笔及线条表现技法、彩色铅笔表现技法、马克笔表现技法、水彩表现技法、水粉表现技法、综合表现、手绘快速表现技法。第 3 章为建筑装饰手绘表现技法中的材质及家具表现，具体包括建筑装饰手绘表现技法中的材质表现、建筑装饰手绘表现技法中的家具表现及单体和组合体表现。第 4 章为建筑装饰手绘表现技法作品鉴赏。

图书在版编目（CIP）数据

建筑装饰手绘表现技法 / 丁春娟等主编.— 武汉：华中科技大学出版社，2017.7

高职高专艺术设计类"十三五"规划教材

ISBN 978-7-5680-2657-4

Ⅰ.①建⋯　Ⅱ.①丁⋯　Ⅲ.①建筑装饰－建筑画－绘画技法－高等职业教育—教材　Ⅳ.①TU204

中国版本图书馆 CIP 数据核字(2017)第 061638 号

建筑装饰手绘表现技法
Jianzhu Zhuangshi Shouhui Biaoxian Jifa

丁春娟　刘文佳　史晓燕　申思明　主编

策划编辑：彭中军
责任编辑：史永霞
封面设计：孢　子
责任监印：朱　玢
出版发行：华中科技大学出版社（中国·武汉）　　电话：(027) 81321913
　　　　　武汉市东湖新技术开发区华工科技园　　邮编：430223
录　　排：武汉正风天下文化发展有限公司
印　　刷：武汉科源印刷设计有限公司
开　　本：880 mm × 1230 mm　1/16
印　　张：9
字　　数：278 千字
版　　次：2017 年 7 月第 1 版第 1 次印刷
定　　价：49.00 元

国家示范性高等职业院校艺术设计专业精品教材
高职高专艺术学门类"十三五"规划教材
基于高职高专艺术设计传媒大类课程教学与教材开发的研究成果实践教材

编审委员会名单

■ **顾　问**　（排名不分先后）

王国川　教育部高职高专教指委协联办主任

陈文龙　教育部高等学校高职高专艺术设计类专业教学指导委员会副主任委员

彭　亮　教育部高等学校高职高专艺术设计类专业教学指导委员会副主任委员

夏万爽　教育部高等学校高职高专艺术设计类专业教学指导委员会委员

陈　希　全国行业职业教育教学指导委员会民族技艺职业教育教学指导委员会委员

陈　新　全国行业职业教育教学指导委员会民族技艺职业教育教学指导委员会委员

■ **总　序**

姜大源　教育部职业技术教育中心研究所学术委员会秘书长

　　　　《中国职业技术教育》杂志主编

　　　　中国职业技术教育学会理事、教学工作委员会副主任、职教课程理论与开发研究会主任

■ **编审委员会**　（排名不分先后）

万良保	吴　帆	黄立元	陈艳麒	许兴国	肖新华	杨志红	李胜林	裴　兵	张　程	吴　琰
葛玉珍	任雪玲	汪　帆	黄　达	殷　辛	廖运升	王　茜	廖婉华	张容容	张震甫	薛保华
汪　帆	余戡平	陈锦忠	张晓红	马金萍	乔艺峰	丁春娟	蒋尚文	龙　英	吴玉红	岳金莲
瞿思思	肖楚才	刘小艳	郝灵生	郑伟方	李翠玉	覃京燕	朱圳基	石晓岚	赵　璐	洪易娜
李　华	刘　严	杨艳芳	李　璇	郑蓉蓉	梁　茜	邱　萌	李茂虎	潘春利	张歆旋	黄　亮
翁蕾蕾	刘雪花	朱岱力	熊　莎	欧阳丹	钱丹丹	高倬君	姜金泽	徐　斌	王兆熊	鲁　娟
余思慧	袁丽萍	盛国森	林　蛟	黄兵桥	肖友民	曾易平	白光泽	郭新宇	刘素平	李　征
许　磊	万晓梅	侯利阳	王　宏	秦红兰	胡　信	王唯茵	唐晓辉	刘媛媛	马丽芳	张远珑
李松励	金秋月	冯越峰	李琳琳	董　雪	王双科	潘　静	张成子	张丹丹	李　琰	胡成明
黄海宏	郑灵燕	杨　平	陈杨飞	王汝恒	李锦林	矫荣波	邓学峰	吴天中	邵爱民	王　慧
余　辉	杜　伟	王　佳	税明丽	陈　超	吴金柱	陈崇刚	杨　超	李　楠	陈春花	罗时武
武建林	刘　晔	陈旭彤	乔　璐	管学理	权凌枫	张　勇	冷先平	任康丽	严昶新	孙晓明
戚　彬	许增健	余学伟	陈绪春	姚　鹏	王翠萍	李　琳	刘　君	孙建军	孟祥云	徐　勤
李　兰	桂元龙	江敬艳	刘兴邦	陈峥强	朱　琴	王海燕	熊　勇	孙秀春	姚志奇	袁　铀
杨淑珍	李迎丹	黄　彦	谢　岚	肖机灵	韩云霞	刘　卷	刘　洪	董　萍	赵家富	常丽群
刘永福	姜淑媛	郑　楠	张春燕	史树秋	陈　杰	牛晓鹏	谷　莉	刘金刚	汲晓辉	刘利志
高　昕	刘　璞	杨晓飞	高　卿	陈志勤	江广城	钱明学	于　娜	杨清虎	徐　琳	彭华容
何雄飞	刘　娜	于兴财	胡　勇	颜文明						

国家示范性高等职业院校艺术设计专业精品教材

高职高专艺术学门类"十三五"规划教材

基于高职高专艺术设计传媒大类课程教学与教材开发的研究成果实践教材

组编院校（排名不分先后）

广州番禺职业技术学院	湖南大众传媒职业技术学院	天津轻工职业技术学院
深圳职业技术学院	黄冈职业技术学院	重庆城市管理职业学院
天津职业大学	无锡商业职业技术学院	顺德职业技术学院
广西机电职业技术学院	南宁职业技术学院	武汉职业技术学院
常州轻工职业技术学院	广西建设职业技术学院	黑龙江建筑职业技术学院
邢台职业技术学院	江汉艺术职业学院	乌鲁木齐职业大学
长江职业学院	淄博职业学院	黑龙江省艺术设计协会
上海工艺美术职业学院	温州职业技术学院	冀中职业学院
山东科技职业学院	邯郸职业技术学院	湖南中医药大学
随州职业技术学院	湖南女子学院	广西大学农学院
大连艺术职业学院	广东文艺职业学院	山东理工大学
潍坊职业学院	宁波职业技术学院	湖北工业大学
广州城市职业学院	潮汕职业技术学院	重庆三峡学院美术学院
武汉商学院	四川建筑职业技术学院	湖北经济学院
甘肃林业职业技术学院	海口经济学院	内蒙古农业大学
湖南科技职业学院	威海职业学院	重庆工商大学设计艺术学院
鄂州职业大学	襄阳职业技术学院	石家庄学院
武汉交通职业学院	武汉工业职业技术学院	河北科技大学理工学院
石家庄东方美术职业学院	南通纺织职业技术学院	江南大学
漳州职业技术学院	四川国际标榜职业学院	北京科技大学
广东岭南职业技术学院	陕西服装艺术职业学院	湖北文理学院
石家庄科技工程职业学院	湖北生态工程职业技术学院	南阳理工学院
湖北生物科技职业学院	重庆工商职业学院	广西职业技术学院
重庆航天职业技术学院	重庆工贸职业技术学院	三峡电力职业学院
江苏信息职业技术学院	宁夏职业技术学院	唐山学院
湖南工业职业技术学院	无锡工艺职业技术学院	苏州经贸职业技术学院
无锡南洋职业技术学院	云南经济管理职业学院	唐山工业职业技术学院
武汉软件工程职业学院	内蒙古商贸职业学院	广东纺织职业技术学院
湖南民族职业学院	湖北工业职业技术学院	昆明冶金高等专科学校
湖南环境生物职业技术学院	青岛职业技术学院	江西财经大学
长春职业技术学院	湖北交通职业技术学院	天津财经大学珠江学院
石家庄职业技术学院	绵阳职业技术学院	广东科技贸易职业学院
河北工业职业技术学院	湖北职业技术学院	武汉科技大学城市学院
广东建设职业技术学院	浙江同济科技职业学院	广东轻工职业技术学院
辽宁经济职业技术学院	沈阳市于洪区职业教育中心	辽宁装备制造职业技术学院
武昌理工学院	安徽现代信息工程职业学院	湖北城市建设职业技术学院
武汉城市职业学院	武汉民政职业学院	黑龙江林业职业技术学院
武汉船舶职业技术学院	湖北轻工职业技术学院	四川天一学院
四川长江职业学院	成都理工大学广播影视学院	

目录

MULU

第 1 章
建筑装饰手绘表现基础.............................

JIANZHU
ZHUANGSHI
SHOUHUI BIAOXIAN
JIFA

1.1

建筑装饰手绘表现概述 《《《

　　建筑装饰手绘表现是建筑装饰设计的有效表现方式。概括地讲，建筑装饰手绘表现是设计师以生动、灵活、快速表达设计方案为形式，以纸作为媒介，将设计构思、意图转化为设计效果图的过程，也是区别于一般绘画作品的一种表现形式。

一、建筑装饰手绘表现的概念　　　　　　　　　　　　ONE

　　建筑装饰手绘表现的结果是方案设计的效果图。从所运用的工具与材料划分，效果图的表现可分为手绘表现（见图 1–1）、计算机表现（见图 1–2）及将手绘表现与计算机表现相结合的表现（见图 1–3）。

图 1–1　手绘表现（赵国斌）

图 1-2　计算机表现

图 1-3　将手绘表现与计算机表现相结合的表现

　　建筑装饰手绘表现图不同于专业性很强的技术图纸，它能更加形象、立体、直观、真实地表达设计师的思想及个性，有很强的创造性。从设计师实际工作过程与目的来看，手绘表现图大致可以分为三种。一是设计草图（见图1-4），主要表达设计者的设计思想和设计理念；设计草图可以不着色，是设计的最初创意阶段。二是成熟的手绘表现图，此类表现图具有一定的技术含量，有较强的说明性和展示性，是设计师与甲方（业主）进行沟通交流的重要手段。三是研究性手绘表现图（见图1-5），此类手绘表现图具有较强的随意性，是设计师经过反复推敲，在造型、材质、色彩和表现方面进行深入研究后所创作的作品，具有较高的艺术性，一般不作为与甲方（业主）交流的手段。

图1-4　设计草图（佚名）

图1-5　研究性手绘表现图（孙大野）

总之，建筑装饰手绘表现技法是通过绘画手段，形象、直观地表现设计效果的一项专业技法。其作品既是设计成果的一部分，同时也是一幅完整的绘画作品。它旨在通过严格的训练，提高学生的形象思维、空间想象及空间表达的能力，并掌握多种表现工具的使用技法和表现方式。建筑装饰手绘表现重点强调建立在科学和客观表达空间关系的现代透视学基础之上的一种绘画方法，即在二维平面上表达三维空间的立体效果图。所以，在学习的过程中，要注重前后关联课程（素描、色彩、透视、建筑装饰设计、建筑装饰构造、建筑装饰材料等）的学习，以提高设计水平。

二、建筑装饰手绘表现图的基本要求 TWO

建筑装饰手绘表现必须以客观的设计环境和设计要求为基础，如室内外空间环境的物体、造型、色彩、材料等方面都必须符合客观实际的设计要求。手绘表现是为满足人们对使用功能性、舒适性等方面的要求服务的。（见图1-6）

图1-6 手绘效果图

简而言之，建筑装饰手绘表现图需要满足直观性、专业性、说明性、灵活性、艺术性等五个方面的要求。

1.直观性
直观性是指建筑装饰手绘表现图要符合现实场景条件与空间构造、气氛营造和真实性；画面形体表现、色彩和光影的处理要遵循透视学和色彩学的基本规律与规范；灯光的处理、色彩的表现、绿化的设计等诸多方面都必须符合设计的最终效果，展示一个真实、准确的三维空间效果。（见图1-7）

图 1-7　公共空间手绘效果图

建筑装饰手绘是设计过程中很重要的一种表现形式，特别是在方案设计的初始阶段，对方案的构思、立意和表达有重要的作用。创作灵感的闪现往往是瞬间的，看似随意的勾画便可以获得不同阶段、递进式的思考性草图，而且通过草图，就有可能产生新的方案和新的想法。建筑装饰手绘表现图也是反复推敲设计方案的一种表现语言，有利于室内空间、家具陈设和空间造型的把握及整体设计的进一步深化。

2. 专业性

建筑装饰手绘表现图必须严格地按照透视原理和制图标准来起稿，对于光影和色彩的处理要依据色彩学原理，在使用功能上要按照人体工程学来表现，对于室内照明、家具与陈设等要遵循科学的规律来表现。（见图1-8）

用图示语言与人们进行交流，这就是探讨方案。方案的探讨是一个彼此讨论的过程，而手绘表现图是一种非常应时的表现技法，它集直观、快捷、图解、启迪、随意等特点于一身，灵活地运用点、线、面、体等各种绘画元素绘制而成，是一种技术与艺术的结合体。

3. 说明性

设计师的方案设计，不是纯粹艺术的幻想，而是通过设计师特殊的绘图语言来表现的，可使虚幻的景象变成图纸。因此，设计师只有具备精良的表现技术，充分表现空间的造型、色彩、材质等，才能引起人们感官的共鸣。而方案在设计表现过程中，从平面图、立面图到透视图，表现各异的方式有助于设计师的设计定位和表现。说明性是手绘表现图的重要特点，通过手绘表现可以帮助甲方（业主）认识设计本质和设计思想。

因此，一名优秀的设计师除了具有广博扎实的设计知识外，还必须掌握专业性较强的艺术表现手法，以便更好地说明其设计意图、设计理念和设计效果。（见图1-9）

图1-8 居住空间手绘效果图（陈锐雄）

图1-9 公共空间手绘效果图（潘煜华）

图 1-10 居住空间手绘效果图

4. 灵活性

建筑装饰手绘表现图的灵活性体现在很多方面。比如，手绘表现图不受场地的限制，设计师可以在很自由的环境中进行创作，并能及时和甲方（业主）进行交流。而计算机绘图则需要具备计算机和相关软件技能才能完成设计。手绘效果图不受时间的限制，设计师可以在任何需要的时间进行设计表现。同时，手绘表现图可以随时记录甲方（业主）的一些要求、想法，亦可结合甲方（业主）要求挖掘设计师创作灵感，并及时进行修改。

5. 艺术性

在建筑装饰手绘表现技法中，熟练的技法、潇洒的线条、完美的构图、恰当的内容表现和精美的画面效果，能为设计作品增添很强的艺术感染力。在表现过程中，真实反映设计内容，适度的夸张表现和专业素描、色彩关系的表达，能营造出优美的构图及氛围，使一幅手绘表现图具有很强的艺术性（见图 1-10）。

三、学习建筑装饰手绘表现的方法　　　　THREE

（一）养成多看、多画、勤思考的学习习惯

建筑装饰手绘表现技法是一门多学科综合运用的课程。学习该课程，不仅要求学习者具备良好的美学知识，而且还要具备一定的制图知识和较强的绘画技能，掌握引领设计表现的最新动态。坚持长期不懈的练习，才能有效地提高手绘水平。因此，参与实际的项目设计，有效地将理论知识和实践动手能力有机结合，才能绘制出高质量的手绘效果图。所以，必须要养成多看、多画、勤思考的学习习惯。

1. 多看

要养成多看各类优秀手绘效果图作品的习惯。多看，仔细观察各种物体的特征与形态，学习、借鉴别人的表现技巧和方法；多看也是开阔设计思维最有效的方法和手段之一。

2. 多画

俗语说："好记性不如一个烂笔头。"随意勾勒、记录和即兴速写等是最有效练习手绘的方法。通过不断练习，不断对环境、建筑、室内空间、陈设以及周围环境的观察，为今后的创作积累大量的第一手资料。

3. 勤思考

在方案设计表现中要多总结以往的经验与不足，不断提高自己的认知水平。在记录性速写表现过程中，不仅要对对象的规格、尺寸、材质等进行记录、分析，而且要对透视规律、色彩规律、材料要求等进行分析，才能客观、真实地表达设计效果。

（二）按照学习建筑装饰手绘表现技法的步骤

1. 从单项练习到整体设计

学习手绘表现技法，最好先从单项练习入手，经过不断积累，循序渐进，再由单体到组合体，由简单到复杂，

由易到难，这样可以培养学生学习的兴趣和信心。（见图 1-11 和图 1-12）

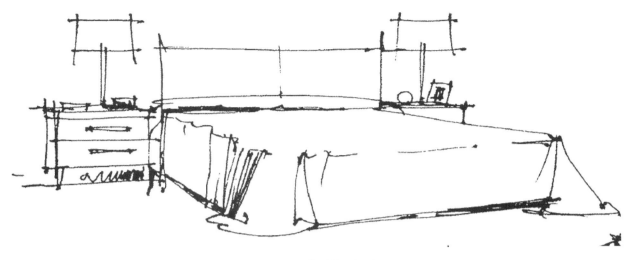

图 1-11　单项练习（一）

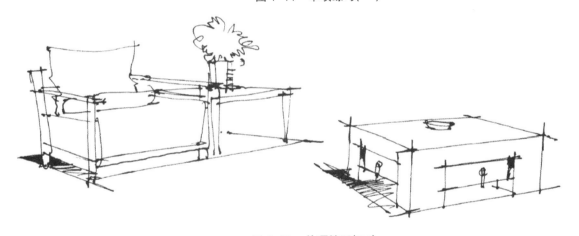

图 1-12　单项练习（二）

　　建筑装饰手绘表现是建筑装饰设计阶段的重要内容。它能表达出设计师的设计理念、设计效果。因此，在画手绘效果图时，可以遵循由单体练习到组合体练习再到整体方案设计的过程。

　　2. 从临摹到创作

　　在学习初期，通过临摹大量大师的优秀作品，可以积累设计经验，体会设计表现图的绘制过程，领悟设计表现的内涵。将自己感兴趣的作品临摹下来，感受设计的乐趣，领悟其精髓，这是学习设计的开始。

　　总之，学习建筑装饰手绘表现技法和学习其他艺术一样，都有一个由浅入深、由简单到复杂的过程。掌握正确的学习思路和方法，持之以恒，长期积累，定会在手绘表现技法上达到"意到笔到，得心应手"的效果。

四、建筑装饰手绘表现技法的作用和意义　　　　FOUR

（一）建筑装饰手绘表现图的作用

　　建筑装饰手绘表现技法是建筑装饰行业从业人员必须掌握的一项基本技能。建筑装饰手绘表现图是设计师表达设计构想与意图的有效途径，是设计师与甲方（业主）沟通交流的手段和方式，也是与甲方（业主）进行评价与反馈的基础。以设计方案为依据，运用手绘表现的方法直观、形象、准确地表达设计师的构思理念和装饰效果，能直观地表现空间和营造环境氛围，增强设计图的观赏性，是设计思想的表达。具体来说，建筑装饰手绘表现图的作用主要体现在以下两个方面。

1. 建筑装饰手绘表现图能够直观表达设计师的设计创意与构想

建筑装饰手绘表现图是整个设计环节中的重要组成部分，为设计方案的确定和修改提供了最直观的依据。建筑装饰设计是一项复杂而综合的工作，设计师在接受设计任务后，首先在思想上要尽快了解设计的内容与意图，并且结合甲方（业主）要求对设计造型与设计风格有一个设计构想，然后按照先整体后局部的方法，进行方案的细部设计。从最初的设计草图到整体方案的确定，需要进行反复推敲，对灯光、材质等细节进行深入的表现，并及时与甲方（业主）沟通交流，对设计构思进行补充与完善，此过程也是设计师的设计理念不断发展与完善的过程，所以说整个设计的各项任务、环节都是由手绘表现图来贯穿的。它可以从多角度更直观地来分析对象，发现并解决问题。我们也可以结合不同的表现形式，来实现设计方案的多样化设计。

2. 建筑装饰手绘表现图在项目设计招投标及设计方案最后定稿中起到至关重要的作用

设计是一项非常专业的工作，设计师通过设计构想，结合严密的逻辑思维，借助各种丰富的专业知识，构建起设计方案。方案是从梦想向现实迈进的一个重要过程，是设计思维最为艰辛和复杂的阶段。方案一旦确定，手绘表现图便承担起与外界沟通交流的媒介职责，在项目的招投标中起到关键作用。

（二）建筑装饰手绘表现的意义

建筑装饰手绘表现是设计过程的重要环节，可以直观、形象地记录设计思维和创意构想的过程，为方案的前期论证与后期修改提供依据，也是设计师收集资料的有效途径。同时，建筑装饰手绘表现使设计师的设计变得更具艺术性，对设计师自身价值的提升也具有重要意义。

1.2

建筑装饰手绘表现图
的分类及绘制程序 ◀◀◀

一、建筑装饰手绘表现图的分类　　　　　　　　　ONE

（一）按手绘表现内容分类

在建筑装饰设计领域，由于效果图在内容、作用、要求及表现手法上有一定的差异性，基于不同的角度，我们可以进行以下分类。

建筑装饰手绘表现图从表现内容来分，可分为室内手绘表现效果图和建筑手绘表现效果图。室内手绘表现效果图主要用于室内空间及装饰设计，从空间构成的形态上看，室内手绘表现的范围包括居住室内空间（见图1–13）、商业室内空间、公共室内空间等。建筑手绘表现效果图主要研究建筑内部空间与外部造型之间的关系，其目的是更直观、更准确地表达建筑外部空间形态。（见图1–14）

图 1-13　居住室内空间手绘效果图

图 1-14　景观小品（沙沛）

（二）按手绘表现的作用分类

按手绘表现的作用分类，建筑装饰手绘表现图可以分为建筑装饰设计草图和效果图表现两类。

建筑装饰设计草图是设计初级阶段，也是最常用的表现方法，设计师在设计思考过程中，快速记录相关信息和捕捉设计灵感，用大量设计草图来推敲设计方案，分析、明确设计风格，这类草图的随意性强，绘制方法简单、快捷，表现手法多样。

效果图表现是指经过设计师反复推敲、分析之后被最终确定的方案效果图。由于已经被确定为正式的设计方案，所以，在绘制时往往会格外细心，会投入大量的时间和精力进行认真绘制，来充分表达设计意图以及空间、材质、照明等的最终效果。

（三）按手绘表现用色分类

按照手绘表现用色，建筑装饰手绘表现图可分为图1–15所示的类型。

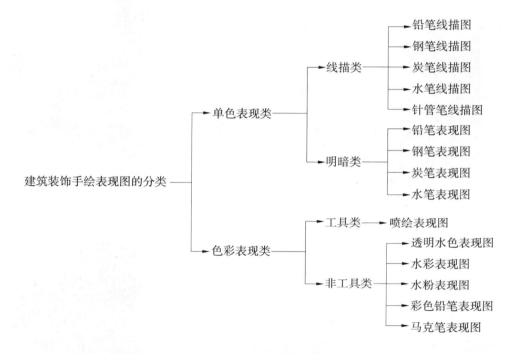

图1–15　建筑装饰手绘表现图的种类（按手绘表现用色）

（四）按表现技法分类

按表现技法分类，建筑装饰手绘表现图可分为手绘效果图和电脑效果图两大类。

手绘效果图（见图1–16）是一种较为传统的表现形式，其方式贯穿于整个方案设计的全过程。设计师通过手绘效果图来表达自己的设计构思，完善自己的设计方案。手绘效果图由于工具、材料的不同，可分为铅笔、钢笔、马克笔、水彩等多种表现形式。手绘效果图极具个性，它不但能反映出设计师的构思想法，也能反映出设计师的艺术修养。所以，一幅好的手绘效果图是设计与艺术的完美结合。

电脑效果图（见图1–17）是通过操作设计软件来绘制的一种效果图。现在经常利用的计算机软件有Lightscape、V–Ray、3ds Max等。电脑效果图具有操作程序化、简单化的特点，能够实现非常准确地制作各类材质的效果，具有手绘效果图达不到的逼真效果；其缺点是过于死板，模式化太强，缺乏个性表现。

图1-16 手绘效果图示例

图1-17 电脑效果图示例

二、建筑装饰手绘表现图的绘制程序 　　　　　　　TWO

绘制建筑装饰手绘表现图要遵循一定的程序，掌握正确科学的绘制程序对建筑装饰手绘表现图的表现效果有很大的帮助，同时，也可以提高绘图的速度和质量。

（一）设计构思

在绘制建筑装饰手绘表现图之前首先要解决构思问题。对于方案的设计应进行整体规划，包括平面布局和空间划分、室内空间的组织、室内造型的形态变化、整体的色彩基调、装饰材料的选择及施工工艺的要求等细节，这些都要考虑周到。初学者经常会盲目绘图，或边画边设计，在画纸上反复涂改，这样会严重影响画者的情绪和表现图的质量。因此，我们提倡的做法是先设计后画出建筑装饰手绘表现图，即先解决设计问题，做到"心中有数，意在笔先"，然后再开始进行效果图的表现。当然，这两者也不是完全分割开的，在方案初步设计阶段，我们提倡多用设计草图进行反复推敲，方案确定后再选择表现图表现的最佳方式。例如透视的选择，需要选择一点透视、两点透视、三点透视或是鸟瞰式等来表达创意，同时还需要考虑空间的前后关系及虚实变化。

其次，要考虑画面中的明暗关系。明暗关系主要包括光线照射方式和材料、家具、饰品等的明暗关系。照射方式可分为人工照明和自然照明，光照方式对室内空间明暗关系的影响非常大。材料、家具、饰品具有不同特点，可形成不同的固有色和反光度。所以，光照的形成和材质的特性在很大程度上决定了室内明暗关系。

最后，要考虑表现工具的选择。绘图工具不同，表现方法和效果也不相同。因此，我们要根据表现的要求来选择工具，并发挥工具的特点及优势，恰当地表现和绘制效果图。

(二) 正稿绘制

正稿绘制在整个绘图过程中属于中心环节，绘图不断深入的过程也是设计方案不断完善的过程。因此，应从以下方面来分析。

第一，绘制底稿。绘制底稿一般用 HB 铅笔完成，熟练的设计者亦可直接用勾线笔起稿。初学者最好选择拷贝纸，先拷贝底稿并准确地画出空间及物体的轮廓线，再选用不同的描图笔进行绘制。

第二，逐步着色。底稿绘制好后即可进行着色，着色时应采用先整体后局部的方法进行，先确定好画面的整体基调，绘制空间的整体环境氛围，做到整体用色准确，落笔大胆，局部表现细致、严谨，采用层层深入的绘制方式。

第三，质感表现。质感表现是绘制建筑装饰手绘表现图的重要因素之一，在画面整体色调确定好后，要深入细致地表现材料质感及细节，特别是光照环境下的材质表现，要做到准确到位，这样可提高画面的效果。

(三) 后期调整

要根据手绘表现图的效果做局部处理，要在画面整体表现的基础上，做局部的刻画及表现，要尽力突出表现的重点和细节，但不要面面俱到或喧宾夺主，注意边缘线和结构线的处理，尽可能做到建筑装饰手绘表现的真实和生动。

1.3

专业基础 ◀◀◀

一、透视原理 ONE

透视对于建筑装饰手绘表现图来讲非常重要。"透视"（perspective）一词的含义就是通过透视平面来观察景物，从而研究物体投影成形的法则，即在平面空间中研究立体造型的规律。透视是在二维平面上研究如何表现三维空间的原理和法则的科学。

透视学是一门专业的学科，是我们在学习建筑装饰手绘表现前应掌握的专业知识。

(一) 透视的基本概念

为了研究透视的基本规律和法则，人们拟定了一定的条件和术语名称，这些术语名称表示一定的概念，在研究透视学的过程中经常需要使用它们。透视就是"近大远小""近高远低""近实远虚"，是我们日常生活中常见的现象。

(二) 透视常用术语

现结合图 1-18 介绍一些透视常用名词。

（1）基面（GP）：放置物体的水平面。

（2）视点（EP）：画者观察物象时眼睛所处的位置，是透视投影的中心，所以又叫投影中心。

（3）站点（SP）：从视点作垂直于基面的交点，即视点在基面上的正投影，也就是画者站立在基面上的位置。

（4）视高（EL）：视点到基面的垂直距离，也就是视点至站点的距离。

（5）画面（PP）：人与物体之间的假设面，实际上就是所采用的绘图纸。

（6）基线（GL）：画面与基面的交线。

（7）视平线（HL）：与视点同高并通过视心点的假想水平线。

（8）视心点（CV）：由视点正垂直于画面的点。

图1-18中还有空间点和透视点等术语。另外，还有以下术语较为常用：

（1）灭点（VP）：不与画面平行的线向远处汇集在视平线上的点，也称消灭点。

（2）真高线：在透视图中代表物体空间真实高度的尺寸线。

（3）测点（M）：求透视图中物体进深的测量点，也称量点。

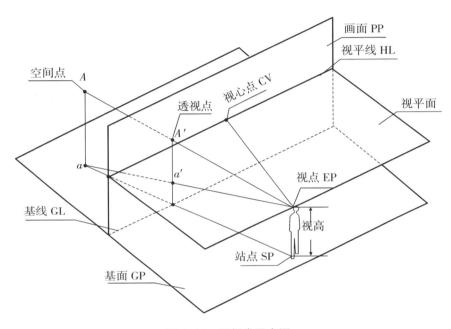

图1-18 透视常用术语

二、透视图分类 TWO

透视图一般分为一点透视、两点透视、三点透视和轴测图等，下面分别介绍。

（一）一点透视

一点透视也叫平行透视。

当立方体的一个面与画面平行，其他侧立面与画面垂直时，所产生的透视即为平行透视。

一点透视具有以下特征：

（1）有一个灭点，即视心点（主点）；

（2）有一个面始终与画面平行；

（3）立方体的平行透视有九种基本形态。

图1-19所示为一点透视原理图。

在一点透视的画面当中，只有一个透视线条的汇集点与视心点重合，且所表现的对象只有一个面与画面平行。

一点透视所表现的空间大，纵深感强，具有稳定的画面效果，而且绘制比较简单，适合于表现大场面场景，其空间效果周正、严谨，所以适合表现严肃、庄重的空间环境。但一点透视效果缺乏生动感，可以通过色彩和笔触来调节画面气氛。（图 1-20 和图 1-21）

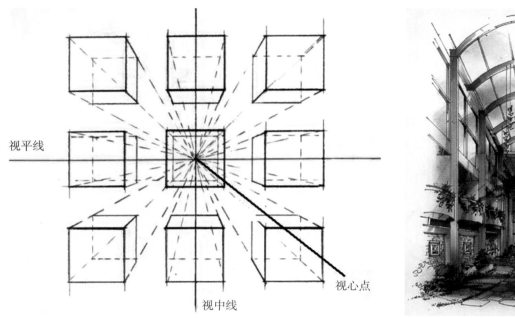

视平线

视心点

视中线

图 1-19　一点透视原理图

图 1-20　室内一点透视

图 1-21　室外一点透视

还有一种接近于一点透视的特殊类型——一点变两点斜透视，即水平方向的平行线在视平线上有一个消失点。这种透视善于表现较大的画面场景（见图1-22）。一点透视一般用于画室内庭院、装饰、街景，或表达物体正面形象的透视图。

（二）两点透视

两点透视也叫成角透视，是指物体有一组垂线与画面平行，其他两组线均与画面成某一角度且每组各有一个消失点。因此，成角透视有两个消失点。

立方体的两个侧立面与画面成一定夹角，水平面与基面平行，所产生的透视称为两点透视。

两点透视具有以下特征：

（1）立方体任何体面失去原有正方形特征；

（2）消失点不集中在视心点上，而是消失在左、右两个余点上。

画面中所有的平行线分别向左、向右汇集，消失在视平线上，形成两个灭点（见图1-23）。它给人的视觉效果接近于正常人的视觉感受，生动而自由。两点透视常用于表现局部空间或小范围的画面（见图1-24和图

图1-22　一点变两点斜透视

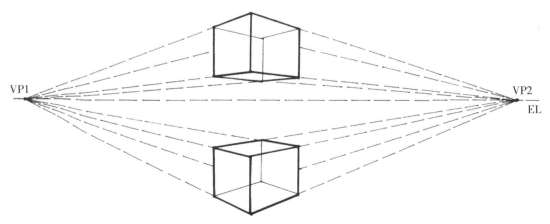

图1-23　两点透视原理图

1-25），是室内建筑表现常用的透视方法。缺点是，如果角度选择不好，容易产生视觉变形效果。

图 1-24　室内两点透视

图 1-25　室外两点透视

(三) 三点透视

三点透视又称斜角透视（或倾斜透视）。物体倾斜于画面，任何一条边都不平行于画面，其透视分别消失于三个消灭点。三点透视有俯视与仰视两种，故又称俯仰透视。

当立方体的三个面与画面、基面都不平行时产生的透视变化，称为三点透视，如图1-26所示。由于视点的高度超过或低于站立情况下的正常视高，画面上产生了第三个灭点：这一灭点若消失在天空，称为天点；若消失在地面以下，则称为地点。

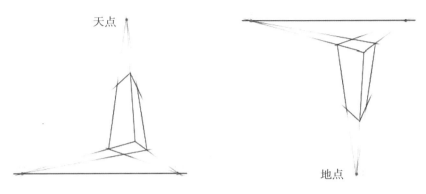

图1-26 三点透视原理图

三点透视具有以下特征：

（1）有三个消失点；

（2）俯视倾斜透视会呈现上大下小的透视缩形，变线向地点汇集消失。

（3）仰视倾斜透视会呈现上小下大的透视缩形，变线向天点汇集消失。

三点透视一般运用较少，适用于室外高空俯视图或近距离高大建筑的绘画（见图1-27）。三点透视的特点是角度比较夸张，透视纵深感强。

图1-27 三点透视（近距离高大建筑）

（四）轴测图

利用正、斜平行投影的方法，产生三轴立面的图像效果，并通过三轴确定物体的长、宽、高三维尺寸，同时反映物体三个面的造型，利用这种方式形成的图像称为轴测图。

在实际设计中利用规尺作透视图的过程较为复杂，费时较多，故我们一般会直接徒手绘制透视图，这就需要设计者有较扎实的绘图基础，对透视原理能熟练掌握并恰当应用。在进行徒手绘制时，首先，确定画面中主立面尺寸，选择好视点，运用恰当比例；其次，引出空间的顶角和视平线；再次，刻画室内家具及陈设，要从画面的中心部分开始画，学会通过一个物体与室内空间的比例尺度推导其他物体的位置和造型，同时要学会从整体把握画面关系，在复杂的变化中寻找统一的规律。

三、一点透视作图步骤　　　　　　　　THREE

一点透视常见于室内表现图的绘制。制图用的作图法比较复杂，这里介绍一种快速表现透视的作图法，其相对简便、快捷而实用。

作图前首先主观地确定实际空间的平面尺寸来制作草图，或只要做到心中有数即可；然后确定透视图的作图比例、墙面大小和位置、视心点和灭点的位置（一点透视中两点重合）。

具体步骤如下。

步骤一：先用比例尺确立主墙面的高、宽尺寸及点 a、b、c、d，按视高设定视平线 HL，定视心点 CV，视平线与 cd（或 ab）相交得点 e，a、b、c、d 四点和 CV 连接并向四周延长，引出基线，在视平线上确定视点 EP。EP 至点 e 的距离设为点 e 至点 CV 距离的 1.5 倍左右为宜。（见图 1-28）

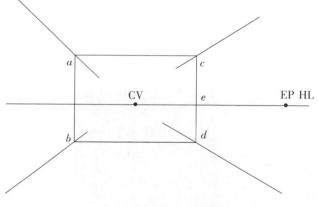

图 1-28　步骤一（一点透视）

步骤二：在 bd 的延长线上按比例作等分点（即室内进深尺寸的量点），将 EP 与各等分点连接并延长，交 CV-d 的延长线上，然后过各点作水平线，在 bd 线上也按比例作适当的等分点，将点 CV 与各等分点连接并延长，与水平线相交，即得出室内的网格透视基本图形。（见图 1-29）

步骤三：ab、cd 垂线为真高线，室内所有物体的高度都在 ab、cd 上量取。所有宽度尺寸在 bd 上量取，所有的进深度则在 bd 的延长线上量取。将室内图形在该空间地面上找出正投影位置，并引出垂线。（见图 1-30）

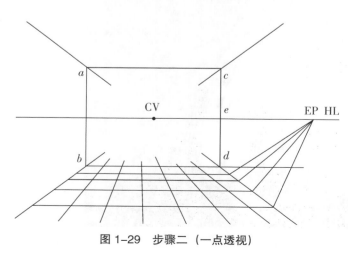

图 1-29　步骤二（一点透视）

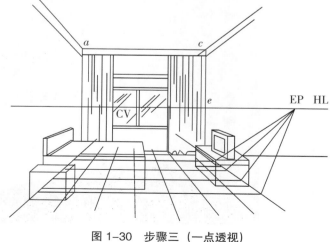

图 1-30　步骤三（一点透视）

四、两点透视作图步骤　　　　　　　　　　　　　　　　　　　　FOUR

采用两点透视作图可根据平面布置的方向，选择所需重点表现的墙面，并确定最佳角度。作图时首先要确定比例尺寸，根据选定的角度，安排视觉空间分布。作图步骤如下。

步骤一：方法一　确定真高线 AB（可以定在黄金分割线位置，左右空间比为 5：8，如图 1-31 所示），根据视高定视平线，视平线与 AB 相交于点 C，以点 C 为圆心，以点 C 到 CV_1 或 CV_2 的距离为半径画圆，该圆的下半部分与 AB 的延长线相交得点 E，再分别以 CV_1 为圆心，以 CV_1 到点 E 的距离为半径画圆，交 HL 上得点 M_2，以 CV_2 为圆心，以 CV_2 到点 E 的距离为半径画圆，交 HL 上得点 M_1，M_1、M_2 即为量点。（见图 1-32）

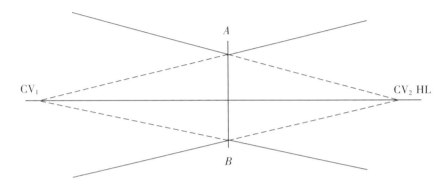

图 1-31　步骤一方法一（两点透视）（一）

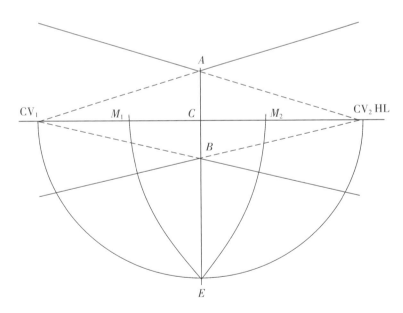

图 1-32　步骤一方法一（两点透视）（二）

方法二　在地面的夹角内任意画一条水平线 ab，取 ab 的中点 c，以 c 为圆心，以 ca 或 cb 为半径画圆，交 AB 延长线上得点 e，以 a 为圆心、ae 为半径画圆，交 ab 线于点 m_2，以 b 为圆心、be 为半径画圆，交 ab 线于 m_1，m_1、m_2 分别与点 B 连接并延长，交 HL 得 M_1、M_2。此种方法适合作大图时，避免点 E 定在画面以外而作的一种简易辅助法，其得出 M_1、M_2 的效果与方法一相同。

步骤二：过点 B 作水平辅助线，并在水平线上作等分点，以 M_1、M_2 为起点，分别连接各等分点（尺寸点）并延长，与 CV_1–B、CV_2–B 的延长线相交，得出相对应的透视尺寸点。再以 CV_1、CV_2 为起点，与各尺寸点相连并延长，得出地面空间的网格透视图。（见图 1-33）

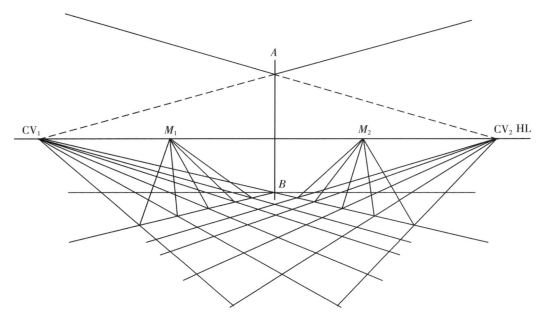

图 1-33　步骤二（两点透视）

步骤三：在真高线上定室内物体的高度，通过 CV_1 或 CV_2 向室内空间引高度线，与各垂线在墙面相对应点相连并通过灭点引回室内空间，得出高度。（见图 1-34）

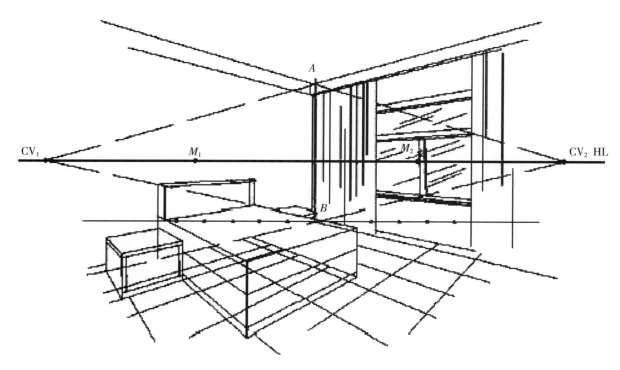

图 1-34　步骤三（两点透视）

五、三点透视作图步骤 FIVE

三点透视适用于表现超高层建筑的俯视图和仰视图。三点透视中，第三个消失点必须和画面保持垂直的主视线，必须使其和视角的二等分线保持一致。作图步骤（见图1–35）如下。

步骤一：由圆的中心A画三条夹角为120°的线，在圆周的交点为V_1、V_2、V_3，并定V_1V_2为视平线HL。

步骤二：在A的透视线上任取一点为B。

步骤三：由B到HL作平行线，与AV_1的交点为C，BC为正六面体的对角线之一。

步骤四：在B、C的透视线上求D、E、F，完成透视图。此为左、右、上、下均由45°角相接的正六面体透视。

三点透视的详细作图步骤请参考有关透视制图的方法。

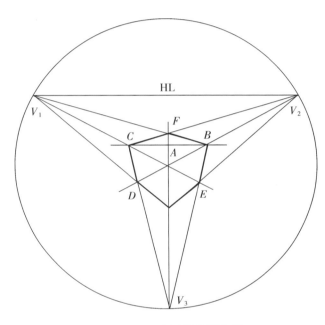

图1–35 三点透视作图步骤

1.4

素描基础 ◀◀◀◀

素描是一切造型艺术的基础，也是绘画艺术、建筑装饰、室内设计等学科学习的基础课程，而建筑装饰手绘表现又是空间设计中重要的表现手法之一。它与绘画艺术既有很大区别，又有一定的联系。素描是建筑装饰工程技术专业的一门重要的专业基础课程，它的主要教育目标是根据建筑装饰工程技术专业所需的思维能力、观察能力与表现方法进行针对性训练，并在这个训练过程中将设计意识与创新能力融入其中。初学者的造型基础还较低，必须对素描表现语言进行全新的认识，掌握它的基本特征，提高造型能力，达到创意表现的基本要求。在创意表现阶段，引导学生认识各种新的形式，发展学生的创造性思维，通过各种表现手段来传达与众不同的个性化思想，使每个学生都形成自身独特的创意思维特质，并最终具备建筑装饰工程技术专业所需的专业技能。

一、构图　　　　　　　　　　　　　　　　　ONE

构图是指画面的布局和视点的选择。构图也叫经营位置，是手绘表现图绘制中重要的组成部分。晋代画家顾恺之称它为"置阵布势"。

在绘画中，构图是指根据题材和主题要求，把要表现的形象恰当地组织起来，构成一个协调、完整的画面，其中包括线条、形体、明暗、空间等。构图是画面结构各种关系的总体，是思想性和艺术性的体现。建筑装饰手绘表现图首先要表现出空间中所涉及的内容，并使其在画面中能体现出最佳的效果。构图是很关键的，而素描关系的好坏会直接影响画面最终效果的优劣。

手绘表现的目的是让对方能够认可所设计的方案，并根据方案进行施工。为了能够快捷、有效地传达设计意图，简洁、生动地表现设计方案，就需要有高超的绘画技巧，而素描的学习为建筑装饰手绘表现打下了良好的基础。

二、建筑装饰手绘表现的构成要素　　　　　　TWO

（一）点

从概念上讲，一个点是形式的原生要素，它表示在空间中的一个位置，即空间的存在。几何学上的点只有位置，没有长度和宽度；造型上的点既有位置，也有大小和形状，是一切形的基础，它既是结构的交点，又是物体的多个面的转折点。点的位置直接关系到形体与结构的判断和表达，一旦和结构相联系，点便成为视觉中心和力的中心，能够产生凝聚力和视觉冲击力。（见图1-36）

点在手绘表现中的构成主要分为中心点和消失点。

中心点可以代表画面的视觉中心，可以是分布的单体元素，也可以是构筑物上的某种装饰等（见图1-37）。消失点在手绘表现中主要是指透视的消失点，有很强的控制作用。在手绘表现中，点的位置尤其重要，其布置的均衡和协调直接关系到构图的稳定性。

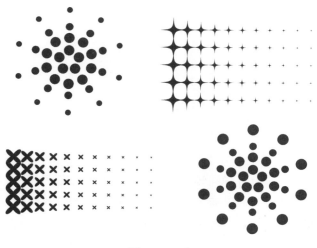

图1-36　点

图1-37　室内设计效果

（二）线

线是点的集合，也是面的相交。造型上的线既有长度，也有一定的宽度和厚度。不同类型的线，其视觉感受和性格不同，表现力不一样。线的轻重缓急、抑扬顿挫、虚实相生等都会产生丰富的视觉效果（见图1-38）。在所有形体里，线的作用主要体现在两个方面：一是分析比例、结构、透视和空间关系的作用（见图1-39和图1-40）；二是塑造形体，表现体积和空间的作用。

图1-38　线的运用

图1-39　茶园

图1-40　建筑内部

在手绘表现中，水平线表示平稳；垂直线表示重力，也可以限定某个空间范围；斜线在视觉上是较为活跃的因素。（见图1-41）

图1-41　卧室效果图

（三）面

面是由线条围合而成的二维空间，在结构表现中至少有三条线才能构成一个面。面对于空间的限定可以由地面、垂直面和顶面来实现。地面是手绘表现中的一个重要因素，它的起伏、色调、肌理、质感都会影响其他元素的表达，因此在空间上要衔接适度。（见图1-42和图1-43）

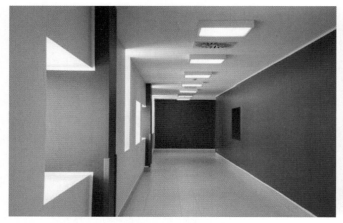

图1-42　室内设计

图1-43　麦田

三、结构与表现形式　　　　　　　　　　　　　　　　THREE

在造型艺术领域，结构有着较为独特的含义。一般情况下，结构包括形体结构（又称几何结构）、内部结构和空间结构。结构是物体得以支撑的骨架，观察、表现物体离不开结构。（见图1-44）

图1-44　结构表现

在手绘表现中，结构素描对于空间和物体的关系表达起到了很重要的作用。用结构素描表现空间，要善于运用线条，准确、生动地表达形体结构和空间，光影的表达不是重点，如用钢笔线描来表现结构，可在勾线基础上适当辅以光影材质的变化等。（见图1-45）

图 1-45　结构素描

　　一幅手绘表现图是由各种不同的形体组合而成的，而不同形体又具有各自的结构和特征，这样才能构成空间的丰富多彩，所以手绘表现的本质是物体的结构。在手绘表现中应先从形体的结构入手，再考虑色彩与明暗关系。手绘表现中，我们通常采用几何形归纳法，可以把复杂的形体用几何形加以概括、表现。手绘表现中，素描部分的练习亦可从结构素描开始，从简单到复杂，从单体到组合体，从外部结构到内部结构等进行训练。

四、光线的虚实变化 　　　　　　　　　　　　　FOUR

　　在手绘表现图中，光线照射到物体上会产生"黑、白、灰"三大面，物体的体面不同，其上就会出现五调子。而每个物体由于距离光源不同、角度不同、质感不同、固有色不同，产生的明暗关系就会不同。利用手绘表现工具表现时，应注意不同光影层次的变化。在绘制手绘图时，首先要分析各个物体的明暗变化规律，把明暗表现同对形体的分析有机统一起来。（见图 1-46）

图 1-46　光影的虚实表现

　　明暗表现，即在能够较为准确地把握整个形体结构的基础上，逐步加入光影，以简略的明暗关系塑造立体感和空间感。为了获得明晰的光影效果，需要借助较强的光源，并以光影与透视原理为指导，更加直观、形象地掌握光影变化的规律和表现方法。（见图1-47）

图1-47　明暗表现

1.5

色彩基础 《《《

　　色彩是手绘表现最基本的造型因素之一，它能赋予形体鲜明的特征。不同色彩能使人产生各种各样的情感，影响人的心理感受。所以，色彩在建筑装饰设计中有很重要的作用，如设计师在设计中选择的色调和各种材料、色泽、质感的表现等，都是通过色彩来解决的。同样，色彩在建筑装饰手绘表现中也能准确表达室内色调及环境，给人们创造出愉悦的心理感受。

　　光感的表现可以增强画面的立体感和空间感。光感在素描中多采用明暗的方式表现，譬如在物体的结构转折处和明暗交界线处表现虚实等。

　　在手绘表现中，通常采用概括性、程式化的手段来表现光影，使画面凝练简洁，更具说服力。在具体表现中，可以利用亮部与暗部的强烈对比塑造光色作用下的各种变化，特别是投影的表现与塑造，能更好地体现空间和造型。

一、色调和氛围 　　　　　　　　　　　　　　　ONE

　　手绘表现在色彩方面最重要的一点是画面整体色调的营造和把握，而一幅手绘图的画面色调往往会表现对象的许多重要特征和环境氛围。人们常常采用鲜艳、明快的色调来表现居住空间、商业空间和娱乐空间，用深沉的色调表现庄严、肃穆的景观等。（见图1-48）

图1-48　色调和氛围

二、固有色的表现 　　　　　　　　　　　　　　TWO

　　固有色是指物体本身所固有的颜色。对于固有色的把握，主要是准确地把握色相。由于在特定的环境中，固有色表现通常会用在石材、木材、植物等材质的表现上。当然，金属、玻璃、镜面等固有色的表现也是很重要的，只是这类材质在表现时对周围环境的影响较重要而已。任何物体如果失去了固有色，就失去了存在的真实感。图1-49所示为电脑设计固有色表现。

三、环境色的表现 　　　　　　　　　　　　　THREE

　　环境色是指在光照下物体受环境的影响而呈现的色彩变化，也就是说，物体表面在受光照射后，除了要吸收一定的光以外，还能将光反射到周围的物体上。环境色的存在，加强了物体之间的色彩联系，更丰富了画面的色彩。在用环境色表现时，宜采用整体性原则，切忌出现喧宾夺主的现象。

　　图1-50所示为电脑设计光影效果。

图 1–49　电脑设计固有色表现

图 1–50　电脑设计光影效果

图1-51所示为马克笔手绘效果，图1-52所示为彩色铅笔手绘效果，它们都运用了环境色表现。

图1-51　马克笔手绘效果

图1-52　彩色铅笔手绘效果

1.6

建筑装饰手绘表现的工具与材料 ◀◀◀◀

"工欲善其事，必先利其器。"要想绘制优秀的手绘表现图，就必须熟练掌握手绘表现的工具和材料性能，只有这样，才能应用自如，得心应手。

一、工具   ONE

常见的手绘表现工具有钢笔、马克笔、彩色铅笔、色粉笔等。

（一）钢笔

钢笔是设计师表达设计意图、探讨设计方案、收集设计资料的重要工具之一。钢笔画的工具有美工笔（见图1–53）、针管笔（见图1–54）、硬毛笔等。

图 1–53　美工笔

图 1–54　针管笔

墨水：常采用黑色碳素墨水，也可用墨汁，褐色、棕色或其他颜色的墨水作画。

纸张：质地细密、光洁，有少量吸水性为佳，如素描纸、卡纸、复印纸等。

建筑钢笔画的特点是：具有准确的透视，使用概括简约的艺术手段，形成强烈的黑白对比关系。建筑钢笔画是一种观察与感受相结合、写生与创作相结合、结构与空间相结合并运用构图原理和透视原理等进行表现的方法。

（二）马克笔

马克笔品种多，颜色丰富，如红色系列、黄色系列、灰色系列等。

马克笔的特性：色彩剔透，着色简便清晰，风格独特，表现力强，成图迅速，是设计师经常采用的一种表现工具。

马克笔一般分为油性和水溶性两种。前者有较强的渗透力，适合在硫酸纸上作图；后者的颜色可溶于水，适合在铜版纸或卡纸上作图。在手绘表现图中，油性马克笔使用更为普遍。

（三）彩色铅笔

彩色铅笔一般以24色、36色和48色三种最为常用，彩色铅笔分为水溶性和非水溶性两种。彩色铅笔的特点：色彩淡雅，对比柔和，携带和使用方便，且具有价格低廉、附着力强、不易擦脏、易于保存等特点。（见图1-56）

图1-55 马克笔

图1-56 彩色铅笔

（四）色粉笔

较常见的色粉笔是24色和48色两种，其附着力强，对纸张要求以不光滑和单薄为佳，用色粉笔作画可用擦笔做辅助工具。

二、纸张   TWO

白卡纸：表面光滑，吸水性适中。

素描纸：质地厚实，表面粗糙，纸质细密，易擦易改。

硫酸纸：表面不太光滑，对水分的要求较高，着色次数多或水分多容易起皱，要学会恰当应用。

复印纸：表面光滑，吸水率一般为15%~50%，由于纸张质量的差异较大，吸水率的差异也较大。

三、颜料   THREE

（一）水彩颜料

水彩颜料主要用于水彩渲染和作画，有瓶装、袋装和块状三种，常见的有12色、18色和24色。用水调和透明的专用颜料在特定纸张（水彩纸等）上表现的技法，主要选用专用水彩笔或书法用毛笔；笔要以具有弹性、能含得住水为佳。（见图1-57）

（二）水粉颜料

水粉颜料是对从植物、矿物体上提取的色素加以研制，即用颜料、胶液、甘油等调成的具有较强覆盖性和附着力的颜料，一般分为锡管颜料和瓶装浓缩颜料。画笔一般选用专门的水粉画笔，这种笔比水彩画用笔硬，

图1-57 水彩颜料

图 1-58 水粉颜料

比油画笔软。另外，也可根据需要选配国画毛笔等。（见图 1-58）

水粉画用纸一般以厚实、有吸水性为好，水粉画对纸张要求并不是十分严格。

（三）透明水色

透明水色的色彩鲜艳明快、透明度强，一般分为 12 色、18 色、24 色等套装，多为彩色墨水，既可用来给彩色水笔加色，也可作为快速手绘表现的绘图颜色。透明水色具有画面色彩丰富的特点。

（四）丙烯颜料

丙烯颜料属于人工合成的聚合颜料，属水溶性颜料。

特点：环保、快干，用水调配，色彩丰富，待干后不溶于水，光泽度高，颜色纯净鲜艳，且干后颜色是透明的。

四、其他辅助工具　　　　　　　　　FOUR

在建筑装饰手绘表现图的绘制中，选择表现的工具不同，技法也不同。因此，还需要准备一些辅助的作图工具。如电吹风机（见图 1-59）可以加快画面干燥速度，在水彩、水粉表现中还需调色盒、调色盘、洗笔器等工具。在画手绘初稿时，还需小刀、橡皮、规尺（见图 1-60）等辅助工具。

图 1-59 电吹风机

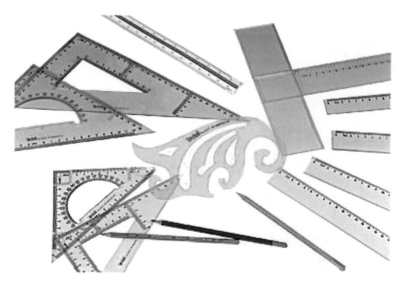

图 1-60 规尺

第 2 章
建筑装饰手绘表现技法

J IANZHU

J ZHUANGSHI

S HOUHUI B IAOXIAN

B JIFA

建筑装饰手绘表现技法的独特魅力在很大程度上取决于它最终向人们展示的视觉化语言形式，手绘表现图（或称手绘效果图）是一种特殊的绘画形式，能够真实、准确地反映出设计师的设计意图，能够恰当地表现出设计师的设计理念。因此，手绘表现图的画面视觉感就显得尤为重要，设计师应该掌握手绘表现图的各种不同表现技法，并能灵活应用。

建筑装饰手绘表现技法根据所采用的工具不同，可分为硬笔及线条表现技法、彩色铅笔表现技法、马克笔表现技法、水彩表现技法、水粉表现技法等多种形式，以及各种表现技法的结合表现。表现技法的不同，使得表现方法和要点也有所不同，在绘制过程中必须逐步掌握手绘表现各种技法的特点、作画步骤和方法，并多加练习。只有这样，才能熟练掌握各种技法。

2.1

硬笔及线条表现技法　◀◀◀

硬笔表现技法的特色在于对线条的组织与运用，在手绘表现技法中，硬笔表现技法能够自由地表达设计师的创意和构思，用简洁的线条能更直观、更清晰地表现出形体的结构和空间关系、光影效果等。线条的表现是构成画面的骨架，为后期的着色做铺垫，同时也可成为一种独立的视觉语言和表现形式。硬笔及线条表现技法主要包括三种：铅笔表现技法、炭笔表现技法和钢笔表现技法等。

一、铅笔表现技法　　　　　　　　　　　　　ONE

铅笔表现技法的最大优势在于设计师可以根据铅笔的软硬程度及运笔的轻重进行描绘，可以将画面分为多个层次进行表现，从而增强画面的光感和立体感。铅笔表现时，只有在透视、比例和结构明晰的基础上，充分发挥其工具的特点，才能表现出耐人寻味的作品。（见图2-1）

图2-1　铅笔风景表现（严健）

（一）铅笔表现技法的特点

铅笔线条厚重朴实，利用笔锋的变化可以做出粗细、轻重等多种线条的变化，非常灵活，极富表现力，且易擦易改；但有不能反映真实的色彩、画幅不宜太大和不易保存等缺点。

图2-2　绘图铅笔

1. 铅笔的选择

绘图铅笔的铅芯有软、硬之分，分别用"B"和"H"标识，"HB"介于中间，"B"类铅笔代表铅芯软，"B"前的数字越大，表示铅芯越软，"H"类反之。（见图2-2）

2. 纸张的选择

铅笔表现技法需要纸质较厚，纸面粗糙或光滑均可，可根据所要表现的空间来确定。确切地说，光滑的纸面比较适合使用软一点的铅笔，粗糙的纸面比较适合较硬一点的铅笔。

（二）铅笔表现技法的内容

勾画轮廓时，通常选择"HB"和"B"类铅笔完成，要恰当地组织线条，点、线、面有机结合，也可用画线成面的方法表现出空间中物体的结构和光影关系。

1. 以线为主的表现

线条的粗细、疏密、浓淡等有序组织，可以营造空间物象的质感和空间氛围，使画面更具趣味性、艺术性。（见图2-3）

图2-3　以线为主的表现（一）

需要注意的是：线的穿插要考虑物体的前后关系，不是见着线就画，而是要有取舍，有轻重之别，要有变化。

线条的组织：要服从质感表现，在室内空间的表现中，用线要灵活（不要全部用横线或竖线），可以将不同方向、长短、曲直、轻重的线结合使用。（见图2-4）

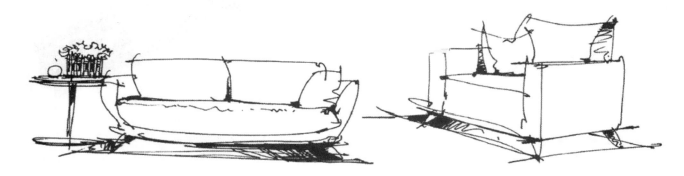

图2-4 以线为主的表现（二）

2. 明暗调子的表现

明暗调子的表现主要通过光影变化来表现空间和物体的形态，这种表现方法更具立体感和空间感。（见图2-5）

表现要点：质感表现要真实、自然，切忌用线生硬、孤立。

图2-5 明暗调子的表现

二、炭笔表现技法 　　　　　　　　　　　　　　　　　　　　　　　　　 TWO

　　炭笔表现技法较铅笔表现技法而言，少了些细腻的感觉，但又增添了粗犷的气息。国外设计师善于运用这种表现技法。炭笔不像铅笔，品种多、型号全，且硬度不一；炭笔表现需要设计师熟练掌握炭笔色彩的轻重程度来丰富画面，且应在一定铅笔表现的基础上进行。实际的炭笔表现中应注意以下几点。

　　第一，要充分掌握运用炭笔的方法，掌握炭笔表现在画面中的虚实变化。

　　第二，线面结合更有利于发挥炭笔表现的优势，形成丰富的画面效果。

　　第三，炭笔表现时明暗对比比铅笔表现时更强，但炭笔表现时擦改没有铅笔自如，因此，作画时应认真对待。

　　第四，炭笔表现时纸张的选择以厚实、表面有纹理为佳，这样更易产生特殊肌理的效果。（见图 2-6）

图 2-6　炭笔表现（严健）

三、钢笔表现技法 　　　　　　　　　　　　　　　　　　　　　　　 THREE

　　钢笔画是设计师表达设计意图、探讨设计方案、收集设计资料的重要手段之一，具有透视准确、表现语言概括、表现手法精练的特点，具有强烈的黑白对比效果。钢笔表现技法是设计师需要掌握的基本技能，也是将设计者的观察与感受、写生与创作、结构与空间相结合的表现技法，是利用构图原则完成方案的一种技法。（见图 2-7）

（一）钢笔表现的工具

常见的钢笔表现工具有笔、墨水、纸、速写本等。

图 2-7   钢笔表现

笔：钢笔、美工笔、针管笔、硬笔等，它们笔尖的粗细及型号各不同。

墨水：有黑色碳素墨水和其他有色墨水。

纸：纸张以质地细密、光洁且有少量吸水性为佳，如素描纸、卡纸、复印纸等。

其他工具：如速写本、橡皮、刀片等。

（二）钢笔画的特点

钢笔画线条刚劲流畅、黑白对比强烈、画面效果细密紧凑，能对所表现的对象进行深入细致的刻画，钢笔表现笔调清劲，轮廓分明；绘图工具简单，易于携带，可随时练习、写生、记录，有其他画种无法与之媲美的表达特点。（见图 2-8）

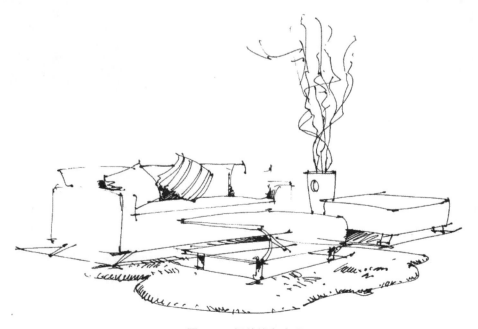

图 2-8   钢笔线条表现

（三）钢笔表现技法

1. 线条

线条的功能是限定空间物体的轮廓，线条也能分割和解释图形各个体面的结构、明暗和质地。线条是钢笔表现中最主要的画面构成要素，也是钢笔画的核心。初学者应该从线条练习开始，从直线和曲线的变化排列、色调和明暗的表现、块面形成的不同体面特征等开始练习。（图2-9）康定斯基在《论艺术的精神》中认为：水平线有寒冷的性格，横卧、女性、被动；垂直线有温暖的性格，直立、男性、主动。

图 2-9　线条画法（一）

2. 线条画法要点

第一，线条准确、笔力轻重分明、虚实结合；利用线条的粗细、疏密来表现物体的空间关系，利用线条的疏密恰当地表现出黑、白、灰关系。（见图2-10）

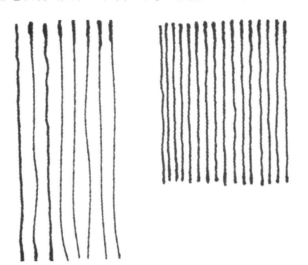
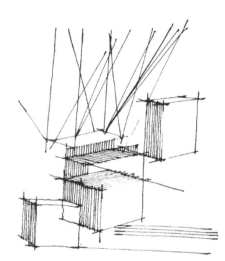

图 2-10　线条画法（二）

第二，画直线时，握笔不宜过紧，运笔力求自然、放松；一条一条地画，过长的线可断开，分段后再画，线条搭接处易出现小节点，应注意画面整体性。（见图2-11）

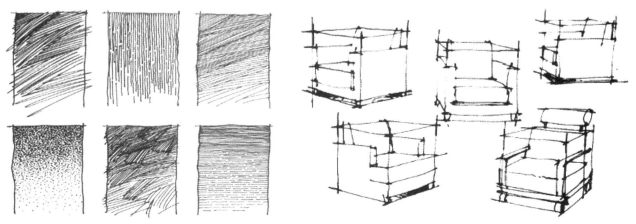

图 2-11　线条画法（三）

第三，用钢笔表现时，结构线是确定形体特征基本因素的线，会直接影响画面形体表现的效果，应表现得准确、真实；明暗色调的表现能使画面丰富，材质表现恰当；可以通过线条的长短、粗细、曲直等排列，构成画面不同的明暗关系，营造出画面的虚实有度和丰富层次。（见图2-12）

图2-12　钢笔表现

3. 组合线

1）齿轮状线条

齿轮状线条随意性较强，且用笔灵活多变，线条蜿蜒曲折，用以塑造不规则形体。因此，画线不要求快，更不能按固定模式反复。（见图2-13）

2）锯齿状线条

画锯齿状线条时要掌握好运笔速度，保持运笔平稳，长短不一，讲究线条自由变化的效果，线条组织要保持统一。（见图2-14）

3）爆炸状线条

爆炸状线条类似锯齿状线条，整体轮廓呈放射状，画时注意线条长短的变化。（见图2-15）

4）水花状线条

水花状线条运笔要灵活，以曲线形式为基础进行训练，提高对自由曲线和流线的表现。（见图2-16）

图2-13　齿轮状线条　　　　图2-14　锯齿状线条　　　　图2-15　爆炸状线条　　　　图2-16　水花状线条

5）波浪线条

波浪线条刻意地强调用线的轻重缓急，呈现较为匀称的表现效果。（见图2-17）

6）骨牌状线条

骨牌状线条由多条短线排列组成，形态类似连续向下的骨牌，长短不一的组合，很有序列感；其变化疏密得

当，在手绘效果图表现中应用十分广泛。（见图 2-18）

7）稻垛状线条

稻垛状线条是由多组排列的短线交错叠加而成的，多用于植物或织物的表现。（见图 2-19）

8）弹簧状线条

弹簧状线条表现随意性很大，多用于快速设计表现技法，属于"乱笔"一类。（见图 2-20）

图 2-17 波浪线条

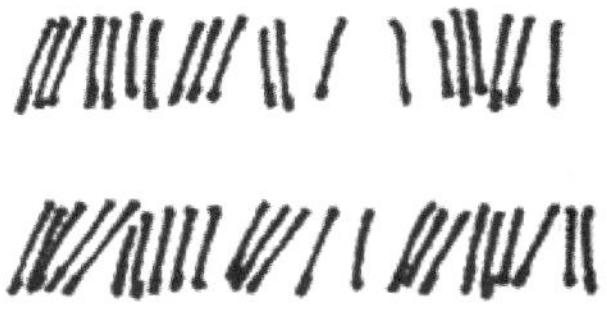

图 2-18 骨牌状线条

图 2-19 稻垛状线条

图 2-20 弹簧状线条

2.2

彩色铅笔表现技法 ◀◀◀◀

彩色铅笔是手绘表现中最为重要的表现工具之一，也深受设计师的喜爱，这主要是因为它使用便利、携带方便且技法容易掌握。彩色铅笔色彩淡雅、对比柔和，表现形体、空间非常自如，画面典雅、朴实。

一、彩色铅笔的特性　　　　　　　　　　　　　　　　　　ONE

彩色铅笔附着力强，不易擦脏，经过处理后容易保存，且表现细腻，能够深入细致地表现多种环境效果，能够快速地表现光线或色调的变化。在表现技法中，彩色铅笔往往和其他表现形式结合使用，能起到丰富画面、深入刻画和后期修改等作用。

二、彩色铅笔表现的工具　　　　　　　　　　　　　　　　TWO

（一）彩色铅笔

彩色铅笔有水溶性和非水溶性之分，主要有 12 色、24 色、36 色和 48 色。水溶性彩色铅笔是目前较流行的新型绘图工具，干画时和普通彩色铅笔效果相同，加水溶解后会出现水彩画的效果，也可以干湿结合，以此来使画面产生丰富的变化。非水溶性彩色铅笔即蜡基质彩色铅笔，其最大的优点是附着力强、不褪色，也可利用其色彩重叠，产生更加丰富多彩的画面效果。（见图 2-21）

（二）纸张

纸张的选择范围较广，可依据画面表现的内容和个人绘图习惯选择，一般有绘图纸、硫酸纸、卡纸、牛皮纸、复印纸等。

绘图纸：质地较厚、结实耐擦、表面光洁，如图 2-22 所示。

硫酸纸：表面光滑、透明、拷贝容易，色彩可以正反两面画，但吸水性差。

复印纸：纸质洁白，纸面光滑细腻，吸水性适中。

彩色铅笔选择纸张应以表面粗糙或有纹理的纸张为宜，若纸面太滑，用笔就会打滑，但可使画面细腻、柔和。硫酸纸因为可以正反两面着色，因而能产生虚实相生的画面效果。

图 2-21　彩色铅笔

图 2-22　绘图纸

三、彩色铅笔表现基础技法 THREE

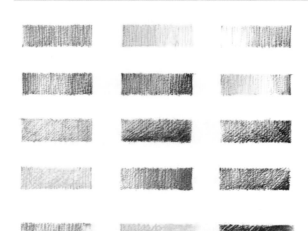

图 2-23　平涂法（彩色铅笔）

图 2-24　叠彩法（彩色铅笔）

（一）彩色铅笔表现基础技法的种类

彩色铅笔表现基础技法有平涂法、叠彩法、退晕法。

1. 平涂法

运用彩色铅笔均匀排列线条，以线画面，可以达到色彩一致的效果。（见图 2-23）

2. 叠彩法

运用彩色铅笔排列出不同色彩的线条，彩铅可重叠使用，但不宜超过三层。叠彩法的使用使画面色彩变化丰富。（见图 2-24）

3. 退晕法

利用水溶性彩铅溶于水的特点，将彩色铅笔的线条与水融合，达到退晕效果。（见图 2-25）

（二）彩色铅笔表现技法要点

1. 单色渐变

用同一种颜色，通过改变运笔和用力的大小，可以看到纸上颜色发生的变化，出现渐变效果。（见图 2-26）

2. 多层叠加

在一种颜色上涂抹任何颜色都会降低其纯度，多层叠加

图 2-25　退晕法（彩色铅笔）

图 2-26　彩色铅笔公共空间表现（一）

的方法即是通过排线的方法，营造出或紧密有序，或细腻稳重，或随意生动的色层，使画面轻快活泼。但需注意，用彩色铅笔进行大面积的铺色时，笔尖不能过粗，且在大面积铺色阶段色调要浅淡，在深入过程中要注意排线技巧，统一色调，使线条有序组织。（见图 2-27）

图 2-27　彩色铅笔公共空间表现（二）

3. 整体调整

画面中如果出现对比过于强烈或色彩不协调的问题，可以运用彩色铅笔在画面上进行统一上色，以达到协调统一的效果。（见图 2–28 和图 2–29）

图 2–28　彩色铅笔公共空间表现（三）

图 2–29　彩色铅笔景观表现（符宗荣）

四、彩色铅笔作图步骤 FOUR

（一）室内彩色铅笔作图步骤

1. 示例1

步骤一：用铅笔或钢笔勾画出轮廓，处理好画面中的各种关系，如空间比例、透视、虚实等。（见图2-30）

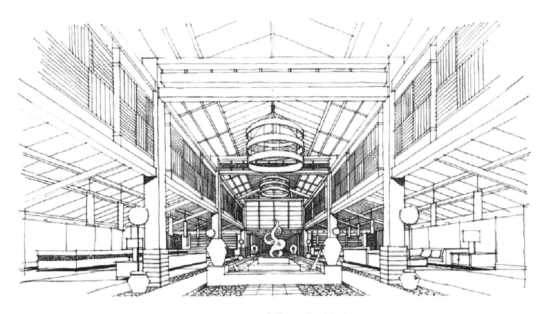

图2-30 步骤一（示例1）

步骤二：先铺出大的色彩倾向，为深入刻画做准备，把握整体的色彩关系，以明暗为依据，时刻调整色彩的对比关系，从浅入深（蜡基质彩色铅笔亦先浅后深）进行表现。（见图2-31）

图2-31 步骤二（示例1）

2. 示例2

步骤一：用铅笔或钢笔勾画出轮廓，掌握好透视关系。（见图2-32）

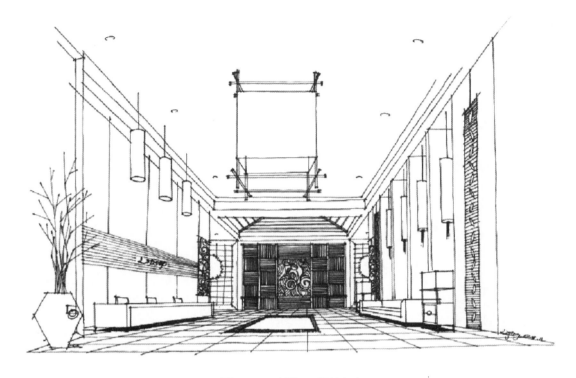

图2-32　步骤一（示例2）

步骤二：以画面中心为基础向四周展开，用彩色铅笔画好后再用灰色马克笔加强地面倒影的刻画，以便突出室内的材质及光感。（见图2-33）

图2-33　步骤二（示例2　林平）

（二）室外彩色铅笔作图步骤

步骤一：先确定透视方式，确定构图，注意画面的前景、中景、后景和背景的处理方法，绘制底稿。（见图 2-34）

图 2-34　步骤一（室外彩色铅笔作图）

步骤二：从前景向背景勾勒时要注意物体前后层次的清晰和空间关系的准确。可用勾线的粗细、轻重来表现景物、构筑物，铺装可用较细的线勾勒，植物可用粗一点的笔勾线。（见图 2-35）

图 2-35　步骤二（室外彩色铅笔作图）

步骤三：对画面中各物体的明暗关系加以刻画，对线的组织和疏密做进一步的处理，并勾画各种材料的材质和植物的形态。（见图 2-36）

图 2-36　步骤三（室外彩色铅笔作图）

步骤四：画面大体布置完成之后，进入细节调整阶段，在图面上强化或弱化主要表现和次要表现，调整色彩，深入刻画整体形象，形象不够丰满之处，可用勾线笔随时添加。（见图 2-37）

图 2-37　步骤四（室外彩色铅笔作图　符宗荣）

五、彩色铅笔表现中应注意的问题　　　　　　　　　　　FIVE

　　第一，不同颜色的彩色铅笔多次叠加，会使色彩暗淡、浑浊；色彩叠加层数少对表现色彩明亮的空间效果非常有利。（见图 2-38）

图 2-38　林广辉作品

　　第二，颜色不易涂满整个画面，涂满整个画面会显得呆板、不透气，故应注意留白。图 2-39 所示天空处的留白效果很好。

图 2-39　景观表现（水溶性彩铅）

2.3

马克笔表现技法 ◀◀◀◀

马克笔是近年来深受设计师喜爱的一种新型快捷的表现工具，它具有着色简便、色彩丰富、表现力强、绘图迅速等特点，且颜色在干湿状态下都不易发生变化，能使设计师预知设计效果。

马克笔多用于辅助表达设计思想和意图，记录设计师的设计思维和创意，也可用于创作。马克笔便于携带，使用方便，也可以作为其他绘画的工具，如建筑速写、风景写生等。但是，马克笔因其局限性，画幅尺度受到不同程度的限制。

一、马克笔的分类与用纸　　　　　　　　　　　　　ONE

（一）马克笔的分类

从性能上，马克笔分为油性马克笔和水性马克笔两种。

油性马克笔：色彩丰富齐全、淡雅细腻、柔和含蓄，有较强的渗透力，尤其适合在描图纸（硫酸纸）上作画。（见图 2-40 和图 2-41）

图 2-40　油性马克笔

图 2-41　油性马克笔作画线条

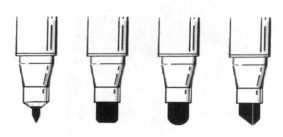

图 2-42　马克笔笔头的形状

水性马克笔：色彩艳丽、笔触浓郁，透明性极强，颜料可溶于水，通常在纸质较致密的卡纸或铜版纸上作画，且水性马克笔容易刻画细节并有淡彩的表现效果；缺点是重叠笔触会造成画面脏乱、阴纸等问题。

从马克笔笔头的形状看，马克笔分为两种：一种是尖头笔，以勾线为主；另一种是平头笔（包括圆头笔和斜头笔），以涂色为主。（见图 2-42）

（二）马克笔的用纸

马克笔用纸十分讲究，纸张的质地不同决定了不同的绘画效果。纸质较疏松的画纸会有较强的吸水性，使色彩变灰，明度变低；纸质较光滑、不吸水的纸会使墨水浮在纸上，容易抹掉而不易长久保存。因此，纸张的选择要根据绘图需要确定，草图练习时可以选取复印纸，画正稿时最好选择马克笔专用纸或彩色喷墨打印纸，画平面图时硫酸纸是理想用纸。

二、马克笔表现技法的要点　　　　　　　　　　　　　TWO

第一，起稿。起稿时起稿线可分为两种：一种是作为起形，便于上色；另一种是把起稿线作为轮廓线或结构线保留下来，称为勾线的马克笔技法。（见图 2-43）

图 2-43　马克笔卧室表现（一）

第二，先用钢笔或针管笔勾出透视稿，再用马克笔上色，马克笔的颜色为透明色，一般不会覆盖墨线。（见图 2-44）

图 2-44　马克笔卧室表现（二）

第三，上色后不宜反复修改，着色应先浅后深。

第四，马克笔上色宜快，不要长时间停顿，以免渗开；画空间及物体界面时，要一笔画到头，中间不要断开。（见图2-45）

图2-45　马克笔客厅表现

第五，涂色时的笔触按一个方向整齐排列。用笔时，笔头紧贴纸面且与纸面成45°角。（见图2-46）

第六，快速表现时，不必将画面铺满，要有重点地着色，恰当留白。（见图2-47）

图2-46　涂色用笔方法

三、马克笔表现的基本技法　　THREE

1.平涂法

用马克笔平和而快速地运笔，尽量一笔接一笔地画，不要重复，可产生平涂的效

图2-47　马克笔景观表现

果。（见图 2-48）

图 2-48　平涂法（马克笔）

2. 退晕法

用油性马克笔尖蘸稀释剂（二甲苯、酒精等）快速运笔排线能产生由浅到深的退晕效果，用水性马克笔表现退晕效果时可蘸水。（见图 2-49）

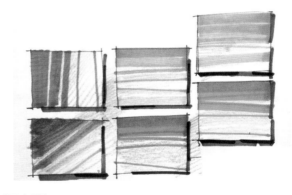

图 2-49　退晕法（马克笔）

3. 叠加法

用不同类色马克笔叠加运笔，运用笔触停顿、衔接和重叠等，可以产生丰富多彩的颜色，可深入表现物体的色彩关系。（见图 2-50）

四、马克笔表现技法室内绘图步骤　FOUR

步骤一：起稿。用钢笔起稿，注意透视的选择和灭点的位置、家具及构件和陈设的选择等。（见图 2-51）

步骤二：铺大色调。从墙面开始铺出大的色彩关系，注意线条的运用和明暗变化的规律。（见图 2-52）。

图 2-50　叠加法（马克笔）

图 2-51　步骤一（马克笔表现技法室内绘图）

图 2-52　步骤二（马克笔表现技法室内绘图）

步骤三：深入刻画。从家具及陈设入手，对材质、光影效果进行深入细致的刻画，对各界面进行二次着色，突出空间感。但需注意：要适当留白，切不可面面俱到。（见图2-53）

图 2-53　步骤三（马克笔表现技法室内绘图）

步骤四：调整统一。从画面的整体出发，对每个细节与整体的协调性进行分析，根据画面需要适当调整，达到画面协调统一的效果。（见图2-54）

图 2-54　步骤四（马克笔表现技法室内绘图）

五、马克笔表现技法景观绘图步骤　　　　　　　　FIVE

步骤一：起稿。用钢笔起稿，选择室外一点透视。（见图 2-55）

图 2-55　步骤一（马克笔表现技法景观绘图）

步骤二：着大色调。从墙面开始铺出大的色彩关系，注意色彩和光影变化的规律。（见图 2-56）

图 2-56　步骤二（马克笔表现技法景观绘图）

步骤三：深入刻画。从地面及植物入手，对材质、光影效果进行深入细致的刻画，突出环境景观空间感。
（见图 2-57）

图 2-57　步骤三（马克笔表现技法景观绘图）

步骤四：调整统一。从画面的整体出发，对画面整体与局部的协调性进行分析，根据画面需要适当调整。
（见图 2-58）

图 2-58　步骤四（马克笔表现技法景观绘图）

六、马克笔表现中的常见问题及其解决方法　　　　　SIX

1. 画面的"花"与"碎"

形成画面"花"与"碎"的主要原因是停顿太多，用马克笔排线时不够迅速准确。

解决方法：想好了再画，用笔要肯定，线条要流畅。

2. 画面的"脏"与"灰"

马克笔作画时色调把握不够准确，与周围环境不协调，或是颜色反复叠加而形成了"脏"与"灰"的效果。

解决方法：找准并表现好固有色。

3. 画面的"死"与"板"

对画面的虚实关系处理不当，不是画面中所有的暗部颜色都一样深，刻画时可根据前后关系有所侧重。对物体的明暗交界线和体面的转折处，要重点刻画，要注意画面的中心和表现的重点，做到重点突出。

4. 画面的"艳"与"火"

运用马克笔表现时，尽可能少地大面积使用高纯度颜色，在表现中这类颜色主要起到点缀的作用，若大面积使用，会使画面产生"艳"与"火"的感觉。

2.4

水彩表现技法　◀◀◀

水彩表现技法在手绘表现图中运用较为普遍，水彩画的工具简便、材料使用方便，且水彩表现的画面轻松明快、细腻整洁、变化丰富；水彩表现易于刻画，也深受设计师喜爱，但水彩表现有不宜修改的缺点。

水彩表现技法是一种较为传统的表现技法，到现在已有百余年的历史，在我国也经历了几十年的发展历程，通常采用"渲""染"等手法形成"褪晕"效果来表现空间中各要素间的关系。与马克笔表现一样，水彩表现用色要先浅后深、逐层深入，要先铺大色，再深入刻画。水彩画颜料主要用水调和，由于水彩的覆盖力不强，所以一起混合的颜料不宜太多，以突出表现水彩的透明特性。

一、水彩表现的工具和材料　　　　　　　　　　ONE

水彩表现的用笔要求弹性适中，吸水量均匀，最好选用专用水彩画笔，也可选择国画用的"白云"笔和"狼毫"笔等，还应准备洗毛器、调色盒、画板等工具。为了增加画面的特殊效果，还应准备盐、糨糊、蜡笔、刮刀等辅助工具。

水彩画颜料是从动、植物等各种物质中提炼出来的，含有胶质和甘油，透明度高，色彩艳丽。（见图2-59）

水彩表现的用纸比较讲究，以具有一定的吸水性、表面肌理较细、质地较结实的水彩纸为佳。（见图2-60）

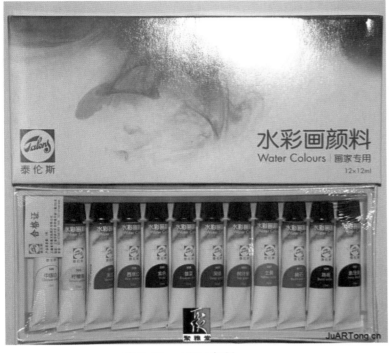

图 2-59　水彩画颜料

图 2-60　水彩表现

二、水彩表现的技法　　　　　　　　　　　　　　　　TWO

（一）技法要点

第一，画法要点：落笔要肯定，不宜反复修改，亮处要留白，暗部要透明，水分控制要恰当。

第二，深色可以覆盖浅色，但浅色不能覆盖深色。

第三，留白不宜太多，以免出现"花"和"跳"的问题。（见图 2-61）

第四，铺大色调时用大笔，深入刻画时用小笔。（见图 2-62）

图 2-61　水彩景观表现

图 2-62　水彩公共空间表现

（二）基本技法

水彩表现的基本技法大致可分为三种：湿画法、干画法、干湿结合法。

1.湿画法

湿画法是水彩表现中最常用的技法之一，对水分的利用更显示出水彩流动的特征。湿画法是指在纸面潮湿的状态下进行晕染的方法，其特点湿润朦胧，是水彩的最大特点之一，有很强的表现力。具体作画时可先将纸用水打湿，等明水吸收之后落笔，此时所画物体边缘自然而柔和，这种方法是为了上完第一遍颜色没干时的接染，是画天空和远山远树时经常运用的方法。（见图2-63）

图2-63 湿画法（水彩表现）

2.干画法

水彩表现技法中的干画法并非单独指所用颜料稠厚，而是指着笔的纸面是干的。此时落笔，笔触的边缘清晰肯定，干后会在边缘形成清晰的水渍痕迹，这也是水彩画因材料所致的特殊效果之一。此外，干画法还可通过较稠厚的颜料和纸面的纹理，用笔的侧锋皴出斑驳的效果，利于塑造物体的沧桑感。另外，干画法可用于做多层叠加的效果，能塑造出厚重结实的画面效果。（见图2-64）

图2-64 干画法（水彩表现）

3. 干湿结合法

水彩表现技法中的湿画法和干画法并不是截然分开的，运用更为广泛的是干湿结合法。恰到好处的干湿结合能使画面主次分明、虚实有致。在干湿结合中有所侧重，便可以表达出不同的画面气氛。图 2-65 所示先用湿画法，再结合干画法，提炼出画面的精彩之处，做到虚实相生。

图 2-65　干湿结合法

(三) 特殊技法

水彩表现在绘画实践中经常会运用到一些特殊技法。当运用基本技法表达特殊事物感到有些力不从心时，人们便会创造出一个又一个的特殊技法。前人的艺术实践与探索为我们留下了许多宝贵经验，下面列举几种特殊技法。

1. 留白法

水彩画的亮部及高光部分一般要预留出纸面，但如果给需要精细刻画的物体（如树枝、树干的受光部分）直接留白很难做到，便可以利用遮盖剂进行留白。（见图 2-66）

图 2-66　留白法

2. 溅洒法

溅洒法在绘画中非常具有表现力，有时可以使表达的效果更具神采，有时则可以制造出斑驳的肌理效果。（见图2-67）

图2-67 溅洒法

3. 刮法

刮法可分为干刮法和湿刮法。干刮法是在画面完全干透后对一些未能留白的地方进行补救的措施，但面积不宜过大，可选用较锋利的刀片，然后将刮过的起毛的地方压平即可。湿刮法与干刮法的操作有些不同，一般是趁颜料潮湿的时候，用指甲、笔杆等尖锐的物体在底色上刮出一些痕迹，比如植物的茎叶等。（见图2-68）

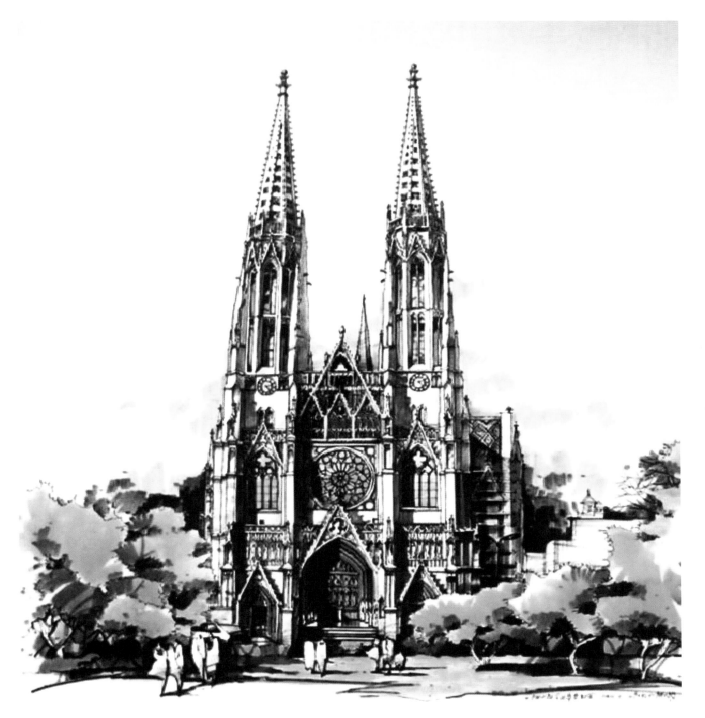

图 2-68　刮法

三、水彩表现技法作图步骤　　　　　　　　　THREE

（一）水彩表现技法室内作图步骤

步骤一：用铅笔或钢笔画出透视图稿，透视要准确、恰当。（见图 2-69）

图 2-69　步骤一（水彩表现技法室内作图）

步骤二：用大号笔铺大色，颜色不宜厚重，保持色彩的浅淡、均匀，使大面积基调准确、协调。（见图 2-70）

图 2-70　步骤二（水彩表现技法室内作图）

步骤三：待第一遍上色的颜料干后，进行第二遍上色，针对不同特点和材质在物体上进行表现，根据光影效果，渲染明暗变化。根据远近关系，渲染虚实效果，由浅到深，可多次渲染，直到画面层次丰富又具立体感。（见图 2-71）

图 2-71 步骤三（水彩表现技法室内作图）

步骤四：深入刻画细部，强调高光（高光可留白）。对于细部刻画，可选择彩色铅笔整理画面。（见图 2-72）

图 2-72 步骤四（水彩表现技法室内作图）

（二）水彩表现技法景观表现步骤

步骤一：铅笔起稿，画出景观外形。最好不要使用橡皮，以免纸张起毛，影响着色效果。（见图2-73）

图2-73　步骤一（水彩表现技法景观表现）

步骤二：涂第一遍色，考虑色彩的色相、明度和纯度要素，由远及近着色。（见图2-74）

图2-74　步骤二（水彩表现技法景观表现）

步骤三：画出前景的草地等，趁湿画出树冠部分的色彩。（见图 2-75）

图 2-75　步骤三（水彩表现技法景观表现）

步骤四：深入刻画，调整完成。（见图 2-76）

图 2-76　步骤四（水彩表现技法景观表现）

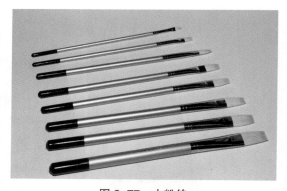

2.5

水粉表现技法 ◀◀◀

　　水粉表现是以水调和粉质颜料作画的一种表现形式，可以在画面上产生明亮、柔润、厚重等不同的视觉效果。水粉画以水为媒介，这一点与水彩表现技法相同。

一、水粉表现的特点　　　　　　　　　　　　　　ONE

　　水粉表现既可以达到水彩表现的透明性，又具有油画的厚重感和覆盖力。其特点是色彩明快、艳丽、饱和、浑厚；不论什么底色都可以覆盖，也可反复叠加。但如果底色未干时再次上色，就会使底色泛起；叠加次数太多，会使画面饱和度降低，且画面太厚，不易表现细节。

二、水粉表现的工具和材料　　　　　　　　　　TWO

（一）笔

　　水粉表现对用笔要求不是很苛刻，要求吸水性适中，笔锋整齐、富有弹性为佳。水粉笔（见图2-77）一般分为三大类，即羊毫笔、狼毫笔和尼龙笔。羊毫笔的特点是含水量大，蘸色较多，优点是一笔蘸色涂出的面积较大，但要注意水分的把握。狼毫笔的特点是含水量较少，比羊毫笔的弹性强，适合于局部及细节的刻画。在选择尼龙笔时要注意尼龙笔的质地，要软且有弹性，切忌笔锋过硬。

（二）颜料

　　水粉颜料也叫"广告色"或"宣传色"，是由矿物质颜料或植物、化学物质之类的颜料加上树胶、甘油等混合而成的，含有较多的粉质。水粉颜料具有较强的覆盖力，干湿、颜色深浅变化大，在作画时，需要加白色来提高色彩的明度。白色是很重要的调和色，要合理调配，在暗部刻画时，不用白色或少用白色，否则，就容易使画面发灰，出现粉气。选择水粉颜料时，最好使用正规美术用品生产厂家生产的锡管装或瓶装水粉颜料。（见图2-78）

（三）纸张

　　在纸张的选择上，应选用有纹理、质地结实的优质水彩、水

图2-77　水粉笔

图2-78　水粉颜料

粉画纸，且需要把纸裱在画板上，以免影响画面的平整效果。

（四）其他辅助工具

为了准确刻画物体的透视及结构，还需要准备辅助工具，如钢尺、圆规、胶带、橡皮（见图2-79）和铅笔等。

图2-80和图2-81所示为水粉表现的其他辅助工具。

图2-79　橡皮

图2-80　其他辅助工具（一）

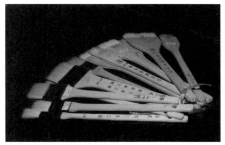

图2-81　其他辅助工具（二）

三、水粉表现的技法　　　THREE

（一）水粉表现的一般技法

1. 湿画法

湿画法是指在调色时用较多的水或先将纸面打湿，使颜色稀薄，有一定的透明度，可以让形体与色彩结合得较为含蓄、自然，体面转折过渡流畅，效果与水彩表现相似的水粉表现技法。

湿画法用色较薄，一般用于水粉表现的第一遍色或是利用薄颜色产生半透明叠加的画面效果；但画时重复次数不宜太多，以免造成画面灰、脏等现象。（见图2-82）

图2-82　湿画法（水粉表现）

2. 干画法

干画法是相对于湿画法而言的。干画法注重用笔，讲究用色，用笔时笔触强烈、肯定，用水较少，用色时色彩饱满，充分发挥覆盖力强的特点，便于深入刻画。

干画法色彩强烈，富有表现性，能生动地描绘物象，便于修改，能产生厚重、奔放、细腻的艺术效果。但由于干画法用水较少，容易使画面呆板，在现代手绘表现中，通常综合运用各种工具、材料，且结合水彩、马克笔等表现技法，更易发挥水粉表现的优点。（见图2-83）

图2-83 干画法（水粉表现）

（二）水粉表现的着色方法

1. 叠加法

水粉颜料具有较强的覆盖力，但不能毫不顾忌地随便乱涂，要遵循一定的着色方法和步骤。使用叠加法时，底层色彩颜料干燥后，应迅速叠涂上层颜料，且运笔不要太用力。

2. 平涂法

平涂法较为简洁，画面效果平整、光洁、干净利落。表现步骤：首先在裱好的图纸上起稿，然后把颜色调整准确后一块一块地画上去，颜色之间最好不要叠加，要一气呵成。

四、水粉表现技法作图步骤　　　　　　　　　　　　　FOUR

（一）水粉表现技法室内作图步骤

步骤一：把画面中主要空间及物体的结构复制到图纸上。从整体到局部，先把大的色彩关系找出来。（见图2-84）

图 2-84　步骤一（水粉表现技法室内作图）

步骤二：把需要表现的物体分开进行表现，确立画面的中心，对其进行深入细致的重点刻画；然后回到画面整体，进行调整统一。（见图2-85）

图 2-85　步骤二（水粉表现技法室内作图）

（二）水粉表现技法建筑作图步骤

步骤一：在裱好的水粉纸上画出建筑的轮廓，从天空开始，画出蓝天和白云。（见图2-86）

图2-86 步骤一（水粉表现技法建筑作图）

步骤二：将建筑物上的主要色彩铺一遍，注意色彩的冷暖和对比变化。（见图2-87）

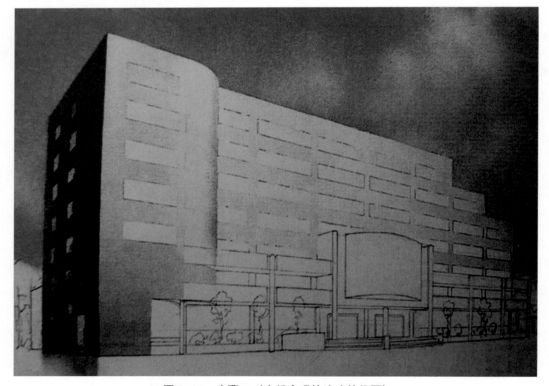

图2-87 步骤二（水粉表现技法建筑作图）

步骤三：对玻璃幕墙进行色彩渲染，考虑玻璃材质的特点，要有光影变化和准确刻画的空间关系。（见图2-88）

图2-88 步骤三（水粉表现技法建筑作图）

步骤四：对画面进行调整统一。（见图2-89）

图2-89 步骤四（水粉表现技法建筑作图 夏克梁）

五、水粉表现中需注意的问题 FIVE

1. 水分的把握

水分的把握在水粉表现中不像水彩表现中那样重要，但也不容忽视，水主要起到稀释和媒介的作用。恰当的水分运用可以使画面流畅、滋润、浑厚、自然，过多的水分则会减少色度、引起水渍、污点和水色淤积，水分不足则会使画面干枯、黏厚、难于用笔。所以，在表现时需多加练习，以便熟能生巧。（见图2-90）

图 2-90　水分的把握

2. 白色的使用

使用白色的主要作用是增强色彩的明度，降低纯度。在画近处、实处、高光处多调用白色，有助于形体塑造；而在远处、暗处等不用或少用白色，可以防止画面出现"粉气"。关于调色、水和白色的使用，还需和用笔以及整个画面色彩的干湿、厚薄结合处理，需从表现不同对象的需要出发，做到变化统一。（见图2-91）

图 2-91　白色的使用

3. 用色技巧

用色中忌画面越厚越好，即覆盖的层数不宜太多，适当的覆盖可以使色层重叠，有利于塑造形体。画面覆盖层数增加，会使颜料大量堆积，掌握不好会使底色泛上来，容易弄脏画面或产生水渍，影响表现效果。（见图2-92）

图 2-92　用色技巧

2.6

综 合 表 现 ❬❬❬❬

一、工具与材料　　　　　　　　　　　　　　　　　　　ONE

手绘表现的工具和材料除前面介绍的较常用的种类外，还有很多种，如颜料有透明水色、丙烯、色粉、炭精粉，它们可以丰富画面和表现内容。综合表现的纸张可以选用特种纸、牛皮纸、有色纸、色粉纸等，技法表现亦

可用喷笔增加光感，用色彩表现不同的质感，用刀片、橡皮、留白处理高光等。（见图2-93）

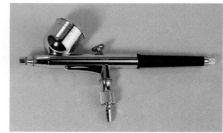

图 2-93　材料与工具

二、综合表现技法要点　　　　　　　　　　　TWO

手绘表现可以依据设计师个人喜好、特长或者设计题材类型进行选择。

（一）透明水色与水彩表现结合画法

透明水色与水彩表现相结合，用透明水色表现画面的暗部，可解决水彩暗部色彩重叠后发灰的问题。

（二）彩色铅笔与马克笔结合表现

用彩色铅笔和马克笔结合来表现物体的质感或刻画物体的暗部，会比较生动、自然。（见图2-94）

图 2-94　彩色铅笔和马克笔结合表现

（三）喷笔和马克笔结合表现

喷笔表现曾在手绘表现中有举足轻重的作用，后来由于其操作方法烦琐、制作时间长而逐渐退出主流地位，但喷笔和马克笔结合表现大面积的色彩过渡、高光及灯光等效果是最佳选择。（见图 2-95）

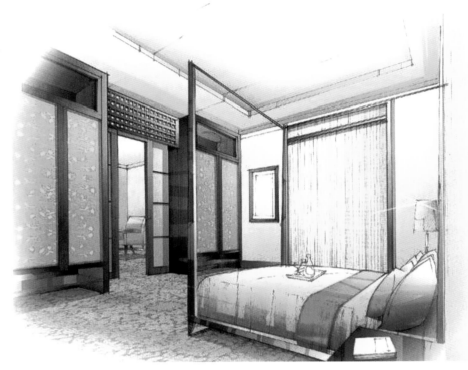

图 2-95 喷笔和马克笔结合表现

（四）有色纸的选用

根据要表现的类型恰当选用有色纸，会使画面效果更加丰富，达到特殊效果。如用黑色卡纸结合喷笔表现 KTV 厅、酒吧、夜景等，效果非常好。（见图 2-96）

图 2-96 有色纸的选用（林文冬）

　　手绘表现根据设计特点、功能不同，有侧重地使用表现技法，以表现不同的画面气氛。在一幅图中，技法运用不宜过多，要以表现画面内容为主，并结合各表现技法特点来确定表现方法，使表现更加合理，逐步形成个人表现的风格。（见图2-97）

图2-97　形成个人表现风格

三、马克笔和计算机绘图相结合表现步骤　　　　　　THREE

　　步骤一：把手绘线稿扫描到电脑中。（见图2-98）

图2-98　步骤一（马克笔和计算机绘图相结合表现）

步骤二：运用 Photoshop 中的喷笔工具和选择工具，把大的空间色调确定下来。（见图 2-99)

图 2-99　步骤二（马克笔和计算机绘图相结合表现）

步骤三：运用笔触表现家具陈设等色调。（见图 2-100)

图 2-100　步骤三（马克笔和计算机绘图相结合表现）

步骤四：调整整个空间的色调，使画面形成冷暖对比。（见图2-101）

图2-101　步骤四（马克笔和计算机绘图相结合表现）

步骤五：调整画面，对画面中的植物和阴影等进行完善。（见图2-102）

图2-102　步骤五（马克笔与计算机绘图相结合表现　刘晓东）

2.7

手绘快速表现技法 ◀◀◀

　　手绘快速表现就是在较短的时间内，通过徒手表达的方式，以简便、实用的绘图方法和特定的绘图工具，完成设计方案绘制的过程。前提条件是要有准确、严谨的透视，要具备绘画的基本能力和色彩知识，要有对材料的熟练掌握和空间布置及设计能力。手绘快速表现是设计师艺术素养和表现技巧的有机结合，能快捷、直观地表达设计意图、设计理念和设计思维。

一、手绘快速表现的艺术手法和形式特点　　　　　　　　　　ONE

（一）艺术手法
　　手绘快速表现的语言通常以线为主，利用线条的不同形态排列组织，结合线条的长短、曲直、粗细等表现形式，准确、恰当地表现设计意图。（见图 2-103）

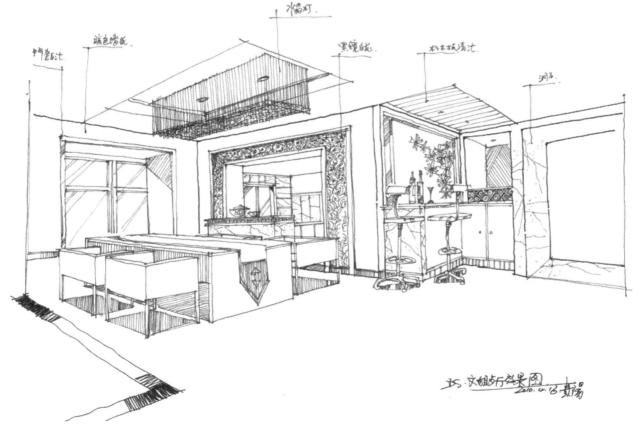

图 2-103　餐厅效果图

（二）形式特点

1. 空间形态的把握与处理

通常利用局部强化或夸张的手段，使要表现的空间主题更加鲜明，重点更加突出，在空间形态中各物体及界面在画面中表现得更自然、更恰当。（见图2-104）

图2-104　空间形态表现

2. 画面整体色调的把握及控制

强调画面整体色调的统一性原则，具体可将画面的中间色概括成一个颜色，然后加强暗部，提出亮部，画出整个形体的变化，也可利用有色纸进行表现。（见图2-105）

图2-105　画面整体色调的把握

3. 提炼笔触，把握画面的形式美感

好的笔触表现能使画面更加生动、活泼，增强画面的形式美感，凸显技法的表现力。笔触的组织必须与画面的整体风格和形体变化有机结合。（见图2-106）

图2-106 公共空间（笔触的组织）

4. 构图处理

遵循构图的基本原则，在手绘表现中可强调中间紧、四周松的处理手法，精心刻画中间部分，使之成为画面的中心和焦点，在四周可轻松自如地运笔，有时可一笔带过，形成对比，相映成趣。（见图2-107）

图2-107 酒店大厅（构图处理）

（三）作用

（1）可迅速捕捉创意灵感，激发创作热情。

（2）表现力强，直观、形象，充满活力。

（3）可培养和锻炼观察力、审美力，完善设计内涵。

（4）为后期方案设计提供分析依据。

图2-108所示为别墅手绘。

图2-108 别墅手绘

二、手绘快速表现的步骤和方法　　　　　　　　TWO

（一）手绘快速表现的步骤

手绘快速表现的步骤可概括为：准备工作—熟悉平面图—透视角度和表现方法的选择—表现技法的选择—绘制底稿—绘制和完善作品—装裱。

步骤一：根据平面布置图画出家具的地面投影位置。（见图2-109）

步骤二：把地面上的投影向上拉升至具体高度。（见图2-110）

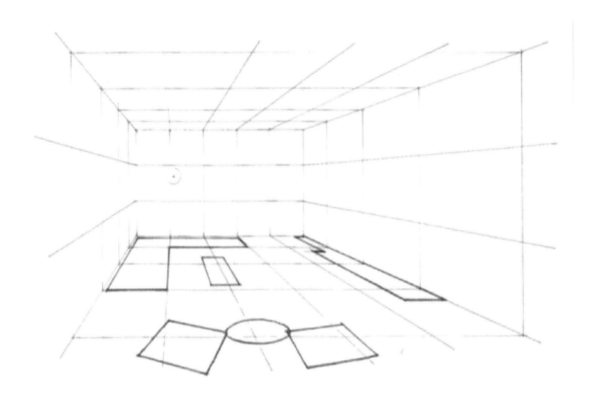

图 2-109 步骤一（手绘快速表现）

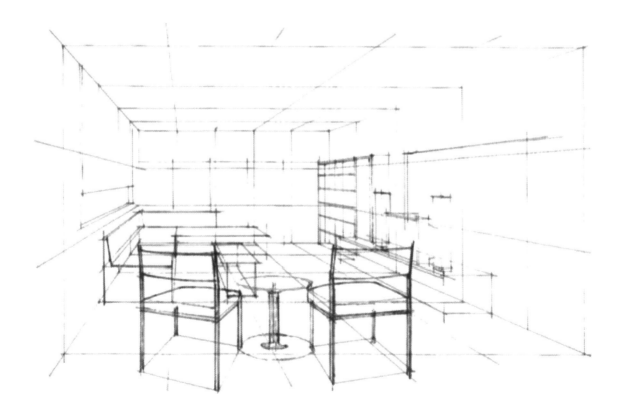

图 2-110 步骤二（手绘快速表现）

步骤三：完善画面细部，完成透视图。（见图2-111）

图2-111 步骤三（手绘快速表现）

步骤四：在透视图的基础上施以淡彩，完成作品。（见图2-112）

图2-112 步骤四（手绘快速表现 关文武）

（二）手绘快速表现室外景观作图步骤

步骤一：确定构思，用钢笔或针管笔起稿。（见图 2-113）

图 2-113　步骤一（手绘快速表现室外景观作图）

步骤二：线稿完成后，以灰色马克笔为主，从画面中心或要表达的重点区域开始，注意运笔笔触及色调，运笔要有虚实变化。重点部位铺色完成后，进行大面积色彩渲染以及细部的刻画，注重表现材质及光影效果。（见图 2-114）

图 2-114　步骤二（手绘快速表现室外景观作图　洪惠群）

（三）手绘快速表现的方法

1. 线稿绘制

线条的轻重、缓急、前后、穿插等关系的处理。

2. 空间塑造

线条勾勒，排线塑造，重点塑造。

3. 画面的细节与点缀

细节表现与空间形体塑造同时进行，达到平衡画面和创造画面氛围的作用。

4. 单色或多色渲染

线描完成后可用单色渲染，然后选择单色或多色加强画面色彩倾向，形成氛围。

第 3 章

建筑装饰手绘表现技法中的材质及家具表现...

JIANZHU
ZHUANGSHI
SHOUHUI BIAOXIAN
BJIFA

3.1

建筑装饰手绘表现
技法中的材质表现 ◀◀◀

建筑装饰手绘表现技法中有一项重要的任务，即在效果图中概括表现出空间环境及不同材料的质感。一幅完整的设计手绘表现图，仅有造型、色彩、结构而没有材质的表现是远远不够的，设计方案的完整性离不开家具的选择和材料的应用。一名优秀的设计师要善于利用材料的不同质感来丰富和完善空间环境。

一、金属材质　　　　　　　　　　　　　　　ONE

金属材质表面光洁度好，而且色彩反差大，尤其是高光部分，能反映出周围物体的色彩，类似镜面。不锈钢常作为柱饰或贴面材料，这种材料在表现时基本上是用它周围的环境色来表现不锈钢面折射的部分，一般颜色比较深，中间部分常用环境色来表现，而高光部分基本上呈白色。（见图3-1~ 图3-3）

图3-1　电梯金属门

图3-2　金属扶手

图3-3　金属窗

二、石材 **TWO**

　　石材主要包括大理石、花岗岩，在公共室内装饰中应用广泛，主要用于地面、墙面和柱子等的装饰。（见图3-4）

图3-4　大理石表现

　　大理石和花岗岩两种材料的区别主要在光洁度与硬度上。大理石较软，花岗岩较硬、耐磨、加工后光洁度好。两种石材在表现中应注意以下情况。

　　一是石材本身具有自然纹理，可以先涂底色，然后运用皴、擦、点、染等技法表现出石材的纹理。同时，注意两种表现技法的特点，以求真实、自然。

　　二是对于表面没有纹理但光洁度较好的石材，可根据空间距离和周围环境，先铺底色再画倒影，表现时应注意近实远虚的关系，可按照石材的固有色泽和受光后应有的变化薄薄地铺一层底色，可预留出高光和反光的位置，也可利用色彩的冷暖变化表现远近，倒影刻画时应注意近处的倒影比较清晰，远处的倒影比较模糊。（见图3-5和图3-6）

图3-5　石材表现（一）

图3-6　石材表现（二）

石材在地面表现中，因光源照射角度和材质本身质地不同会给人不同的感觉，一般分为亮光和亚光两种。通常采用平涂和渲染的方法来表现，对于亮光地面可强调光影的表现，对于亚光地面可着重表现色彩变化与表面纹理的变化。（见图 3-7 ~ 图 3-10）

图 3-7 不同材质表现

图 3-8 地面石材表现

图 3-9　石柱表现

图 3-10　鹅卵石表现

三、纺织品与软材料　　　　　　　　　　THREE

　　室内纺织品一般指的是家具面料和床上用品及墙面挂饰，也包括窗帘等。窗帘在室内设计表现中应用广泛，不仅遮光，而且在室内环境中起着很大的装饰作用。窗帘的图案、颜色、质地等有较大的差异，在表现时可采用先平涂面料的底色，再根据窗帘的图案和造型刻画出主要的皱折和体积变化，最后刻画出图案纹样的方法来进行表现。（见图 3-11 ~ 图 3-13）

图 3-11　室内纺织品表现（一）

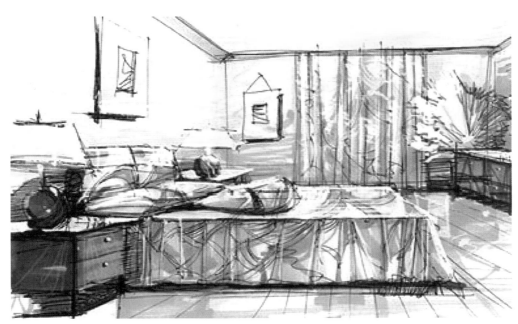

图 3-12　室内纺织品表现（二）

图 3-13　室内纺织品表现（三）

　　床上用品在表现时，首先根据受光和背光的条件，区分出受光面和背光面。在画床时可先画出床的体积，床面表现要平整，床罩（单）在表现下垂部分时可适当画些皱折，在色彩表现上要有冷暖变化，表现出纺织品的柔软感。

　　墙体软包材料包括人造革、仿皮、真皮、纺织品（布艺）等材料，在表现时以固有色为主，亦可根据空间的远近关系恰当地表现色彩变化。具体来讲，对于厚重的软包材料，应注意体面之间的转折，可采用过渡色，以体现厚重感；对于薄的织物，应减弱对比，可采用湿画法表现，保持其透气性。（见图 3-14）

　　地毯的质地大多松软，有一定的厚度，受光线影响较小且柔和。地毯的表现重点在于衬托家具或陈设后产生的

图 3-14　床头软包的表现

投影，深度要适宜。对于地毯上的图案处理，除了表现其形状与色彩外，更应注意视觉效果，图案刻画不宜太精细，以避免由于花纹表现而使地面产生凹凸不平的感觉。（见图 3-15 ~ 图 3-19）

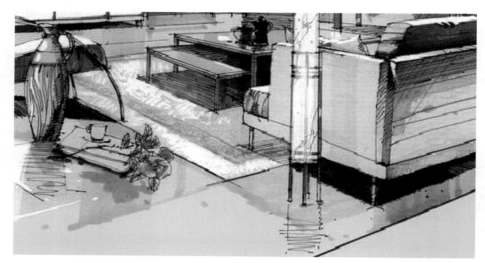

图 3-15　地毯表现（一）

图 3-16　地毯表现（二）

图 3-17　地毯表现（三）

图 3-18　地毯表现（四）

图 3-19 地毯表现（五）

四、花卉与植物 FOUR

花卉与植物是手绘表现的重要配景之一。在现代生活中，人们更加注重人居环境，种养一些花卉和植物，不仅能调节空气，而且对美化室内环境、烘托气氛都能起到重要的作用。花卉和植物在手绘中起到了活跃气氛、衬托环境和平衡画面的作用，同时对丰富画面色彩也起到了独特的作用。

在表现时对植物的枝叶勾画要生动，对要表现对象的外部特征、结构进行仔细的观察和认知，要注意植物的生长规律以及枝叶的前后关系和叶面反转变化所产生的不同透视关系，争取做到与表现主体衔接自然、生动。为了增加空间层次的深邃感，对近景植物的刻画要细致、生动，而远处的植物要一带而过。（见图 3-20）

各种不同品种的植物有着各自不同的形态，画法也不尽相同，但总体来说应注意以下几点。

第一，刻画近景植物与花卉时，应注意所表现植物的品种、造型和姿态。（见图 3-21）

第二，渲染色彩时，不要概念化地染成一片绿，要注意层次、转折及色彩深浅和色相的变化。（见图 3-22）

图 3-20 室内植物

图 3-21 刻画近景植物与花卉

图 3-22 渲染色彩

第三，画近处的花卉与植物，要起到拉深空间和平衡构图的作用。（见图 3-23～图 3-25）

总之，在表现花卉与植物时，一般采用写实的手法，不仅要抓住造型特征，色彩表现也应接近对象。装饰手绘表现往往只抓住造型特征，用色采用平面化，形与色具有一定的装饰性。（见图 3-26 和图 3-27）

图 3-23　花卉与植物表现（一）

图 3-24　花卉与植物表现（二）

图 3-25　花卉与植物表现（三）

图 3-26　花卉与植物表现（四）

图 3-27　花卉与植物表现（五）

3.2

建筑装饰手绘表现
技法中的家具表现　《《《

　　家具是手绘表现技法中又一个重要内容，富有视觉冲击力的手绘表现图，实际上就是由各种家具、材质和配景所组成的。只有准确恰当地表现，才能达到整个空间的完美和谐，才能促使一种艺术空间效果的真实再现。

一、各类装饰木材家具的表现技法　　　　　　　　　ONE

　　在建筑装饰中，木材装饰包括原木装饰和模仿木质效果的防火面板装饰。木质材料能给人一种亲和力，具有加工简易、方便的特点，在室内装饰中应用较多，如板面、门、窗等很多都是木质面板。不同的木材肌理有所区别，原木装饰材料一般未抛光，反光性较差，且固有色和纹理较多；各类装饰面板多是抛光的木材，反光性较好，有倒影效果，在刻画时应注意木材固有色的表现及木材的色泽和木纹的特点，以提高手绘表现的真实感。（见图3-28～图3-34）

图3-28　装饰木材（一）

图3-29　木门窗

图 3-30　木家具（一）

图 3-31　装饰木材沙发背景

图 3-32　木茶几

图 3-33　装饰木材（二）

图 3-34　木家具（二）

二、玻璃表现技法 TWO

　　玻璃的主要特点是透明、边角硬朗，在表现时可结合周围的物品同时表现。在现代室内装饰中，玻璃幕墙、装饰玻璃砖、白玻璃和镜面玻璃等，都是常用的玻璃材料，它们有着自己特有的装饰效果，是其他装饰材料不可替代的。（见图 3-35 ~ 图 3-38）

图 3-35　镜面玻璃

图 3-36　玻璃桌面

图 3-37　玻璃柜门

图 3-38　有色玻璃

在具体表现玻璃时，需要强调其光洁、明亮的特征。如果是镜面玻璃，除表现本身的色泽外，还要能反映出镜面所反映的物象。值得注意的是，在手绘表现时要注意刻画镜面反像时的透视关系及虚实程度。

三、沙发表现技法 THREE

沙发的造型多姿多样且丰富多彩，其材质一般分为真皮、仿皮、实木和布艺等。表现皮质沙发时，要注意皮质沙发本身的色彩与转折处形成高光的对比，要注意皮面的光滑感。（见图 3-39 和图 3-40）。布艺沙发需处理好各个体面间的明暗及色彩关系，如图 3-41 所示。沙发靠垫不仅有靠背的功能，同时又有很强的装饰性。因此，可用靠垫的色彩来丰富画面效果，增强生活气息。（见图 3-42）

图 3-39　皮质沙发（一）

图 3-40　皮质沙发（二）

图 3-41　布艺沙发

图 3-42　沙发靠垫

3.3

单体和组合体表现 ◀◀◀◀

一、单体表现 ONE

　　画沙发、茶几、床等陈设要从整体入手，利用简洁、生动、概括的绘画语言表现出它们的比例、结构、透视和色彩等关系。一个单独的陈设或物品是由同一或不同材质构件所组成的，而空间各个界面及各种不同的物件又构成了室内环境。因此，进行单体练习时，除了要注意它们之间的透视和比例等关系外，还要特别注意它们的最新款式和造型。（见图3-43～图3-48）

图 3-43　床（一）

图 3-44　床（二）

图 3-45　藤制沙发

图 3-46　方几

图 3-47 单体沙发表现

图 3-48 单体表现

　　钢笔画的表现手法很多，可以以线条为主，也可以以光影为主；可以写实，也可以程式化。建筑装饰手绘表现中通常会采用粗细线结合的方法来表现空间形象，这种方法具有整体性强、空间立体感和层次感分明等优点。（见图 3-49 ~ 图 3-51）

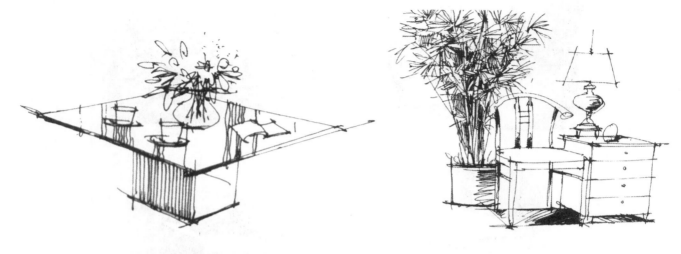

图 3-49　单体钢笔表现（一）　　　　　　　　　图 3-50　单体钢笔表现（二）

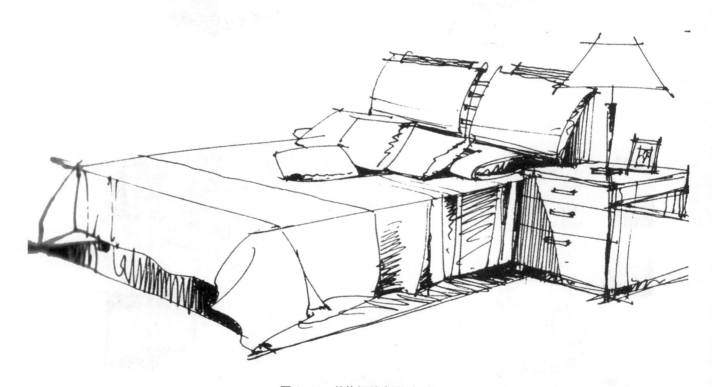

图 3-51　单体钢笔表现（三）

　　室内陈设品主要是指室内家具、纺织品、日用品、绘画、书法、盆景艺术等，是室内空间环境必不可少的组成部分，始终贯穿于装饰设计的全过程。因此，室内陈设品也是手绘表现的重要内容。（图 3-52 ~ 图 3-54）

图 3-52　室内陈设品的表现

图 3-53　陈设品花瓶与植物表现

图 3-54　台灯表现

二、组合体表现 TWO

　　组合体讲究物体之间的比例、结构、材质和光影等众多因素，相对单体而言难度增大了。在学习时，应注意体会组合体在空间表现和色彩关系上的细节处理，在刻画整体效果时考虑周围环境和空间，尽可能做到真实、生动。（见图3-55～图3-59）

图 3-55　卧室空间彩铅马克笔表现

图 3-56　卧室空间马克笔表现

图 3-57　客厅空间表现（魏安平）

图 3-58　客厅空间表现（陈卫红）

图 3-59　环境景观表现（邓浦兵）

第 4 章

建筑装饰手绘表现技法作品鉴赏 ....

JIANZHU
ZHUANGSHI
SHOUHUI BIAOXIAN
JIFA

图 4-1 至图 4-44 所示为建筑装饰手绘表现技法方面的作品。

图 4-1　广州某银行设计方案（江刚）

　　图 4-1：钢笔画是运用钢笔线条的粗细和线条的叠加来表现空间的轮廓、层次、材质和光影变化的，作品中单线白描的画法要求轮廓清楚、线条准确，在此基础上有选择性地表现质感和阴影，能使空间表达更加清楚、生动。

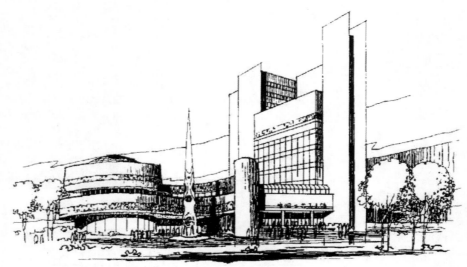

图 4-2　北京工艺美术馆设计方案（王云龙）

　　图 4-2：画钢笔画时线条要美观、流畅，同时要对空间环境进行合理的概括和取舍。

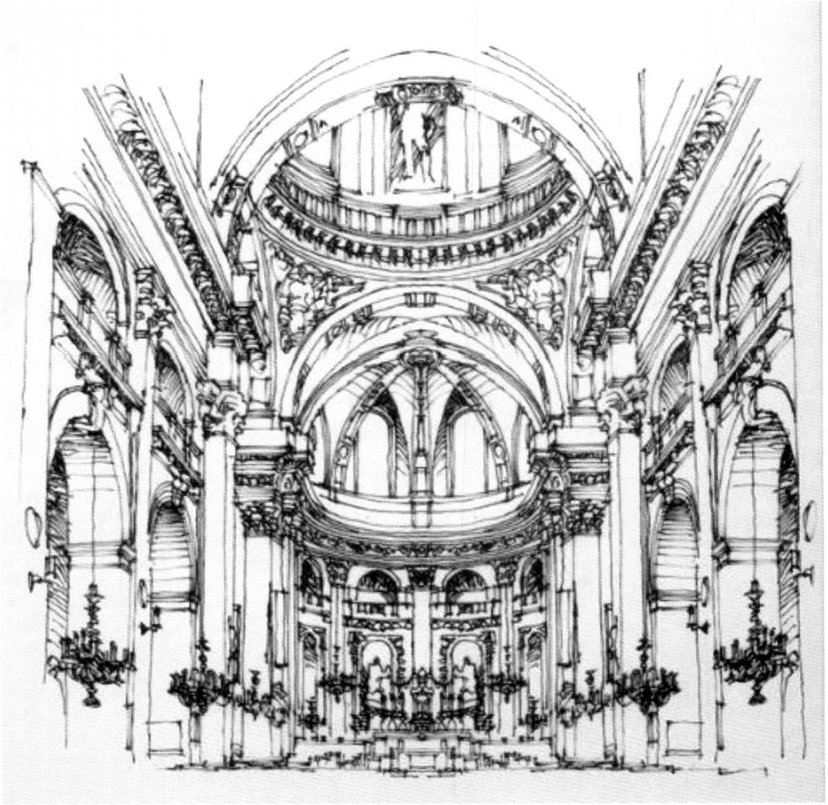

图 4-3　钢笔室内效果图（一）（陈新生）

图 4-3：随意洒脱的线条、准确的透视、丰富的室内环境，是空间的最好表达。

图 4-4　钢笔室内效果图（二）

图 4-4：钢笔建筑表现用笔要果断、准确，以避免后期反复修改。空间的物体、材质、陈设等都能真实地反映空间环境，表现要合理。

图 4-5　彩色铅笔室内效果图（一）

　　图 4-5：作品采用暖色调营造出温馨、浪漫的空间环境。表现技法中彩色铅笔的横线和竖线结合，丰富了画面层次和表现语言，灯光效果恰到好处。

图 4-6　彩色铅笔室内效果图（二）

　　图 4-6：彩色铅笔的运用表现出室内丰富的色彩关系，画面中的色彩搭配及空间感、光感的表现非常完美。

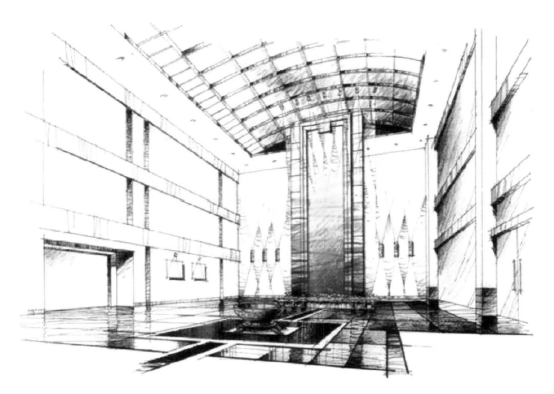

图 4-7 彩色铅笔室内效果图（三）

图 4-8 彩色铅笔室内效果图（四）

　　图 4-7、图 4-8：这两幅作品都采用冷色调进行渲染，色彩表现冷静，艺术感染力和表现力非常强。恰当的留白、线条的灵活组织、准确的透视，结合不同材质的表现，使得画面更加生动。

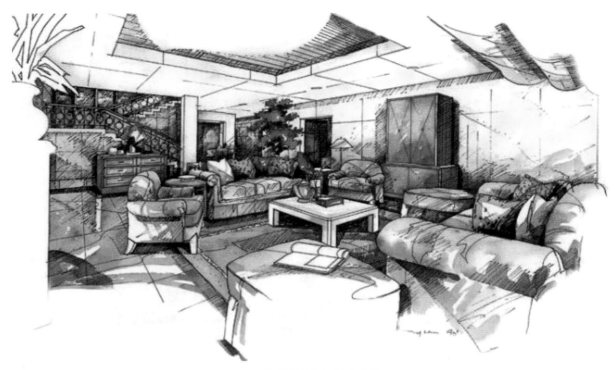

图 4-9　水溶性彩色铅笔室内效果图

　　图 4-9：利用水溶性彩色铅笔能绘制出水彩画的表现效果，作品的色彩对比、冷暖对比的效果和整体画面的效果能够准确地反映出材质。

图 4-10　彩色铅笔景观效果图（一）

图 4-11　彩色铅笔景观效果图（二）

图 4-12　彩色铅笔景观效果图（三）

　　图 4-11 和图 4-12：这两幅作品的天空蓝色的表现和留白的处理手法，恰当地表现了蓝天、白云，天空的斜线条和前景地面的横线条形成对比，使画面表现丰富、生动、自然。

图 4-13　水彩公共空间表现效果

图 4-14　水彩建筑表现效果图（一）

　　水彩最大的特点是透明、干净，可以采用留白、擦、刮等多种技法表现，初学者经常会在水彩颜料性能的掌握上犯错误，要尽量避免色彩重叠过多，反复洗、刷等。

图 4-15 水彩建筑表现效果图（二）

图 4-15：画面色调清晰而高雅，天空和云彩表现生动，整幅作品一气呵成。建筑与色彩表现准确，突出表现了水彩明快的特点。

图 4-16 俄罗斯水彩画家 城市水彩

图 4-17　水彩建筑表现效果图（三）

图 4-18　水彩景观表现效果图

图 4-17、图 4-18：这两幅作品中的整体色调把握非常好，准确、恰当地诠释了水彩表现的多种表现技法。

图 4-19　水彩室外效果图（一）

图 4-20　水彩室外效果图（二）

图 4-21　水粉室内效果图（一）

　　图 4-21：灯光的处理非常理想，使整个画面充满温馨和惬意，合理地利用了水粉表现的特点，光影、材质表现既丰富又和谐。

图 4-22　水粉室内效果图（二）（陈锐雄）

图 4-23　水粉建筑效果图

图 4-23：建筑的整体表现和光线表现生动、自然，画面整体清新明快。

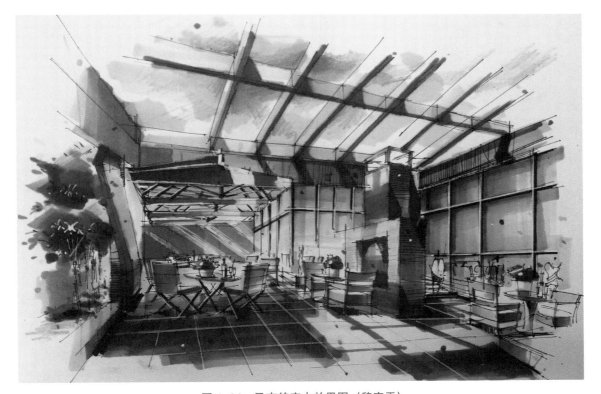

图 4-24　马克笔室内效果图（魏安平）

图 4-24：手绘表现依据设计意图确定功能和环境氛围，作品在表现中良好地塑造了物体与环境、光与影、冷与暖、对比与调和等各种关系。

图 4-25　马克笔室内效果图（魏安平）

图 4-25：画面色调清新、淡雅，各种材质和明暗表现生动，装饰画的效果非常好，丰富了画面色彩。

图 4-26　马克笔室内效果图（陈红卫）

图 4-27　马克笔室内效果图（李国涛）

图 4-28　马克笔室内效果图

图 4-27 和图 4-28：两幅作品的色调有很接近的部分，但表现又各具特色。

图 4-29　马克笔景观表现（沙沛）

图 4-30　马克笔景观效果图（沙沛）

　　图 4-29 和图 4-30：这两幅马克笔表现技法丰富，色彩搭配合理，整个画面简练有度，很好地表现了马克笔表现的技法特点和绘图技巧。

图 4-31 马克笔景观效果图（一）（任全伟）

图 4-31：作品远景没有过多表现，中景刻画生动、内容丰富，近景的跌水表现使画面灵动了许多。

图 4-32 马克笔景观效果图（二）（任全伟）

图 4-32：马克笔绘制的建筑效果图，画面清新自然，建筑整体塑造生动，植物和人的配景表现恰当、合理。

图 4-33 马克笔景观效果图（三）（尚龙勇）

图 4-34 马克笔景观效果图（四）（沙沛）

图 4-34：马克笔景观表现用笔大胆，点、线、面结合表现，画面生动，空间感很强。

图 4-35 综合技法建筑表现（一）

图 4-36 综合技法建筑表现（二）

图 4-36：在实际效果图绘制过程中，往往会结合画面需要，采用多种技法的综合应用。

图 4-37　综合技法建筑表现（三）

图 4-38　美国费城 Mellon 银行室内（作者：KPF 事务所）

图 4-39　有色纸建筑表现

图 4-40　马克笔表现（夏克梁）

图 4-40：作者对马克笔的掌握非常熟练，表现技法非常娴熟，表现效果很好。

图 4–41　建筑效果图

图 4-42 公共空间室内表现

图 4-42：大空间室内表现，作品透视感非常强，令人震撼。

图 4–43　华盛顿费城大道集市广场（Stewart White）

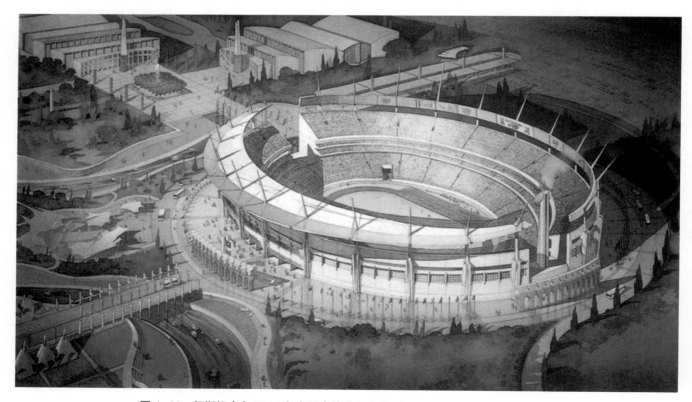

图 4–44　伊斯坦布尔 2000 年奥运会体育场方案（Stang & Newdow Architects）

CANKAO WENXIAN

[1] 赵国斌，柯美霞，符学丽.现代室内设计手绘效果图[M].沈阳：辽宁美术出版社，2007.

[2] 刘宇.室内外手绘效果图[M].沈阳：辽宁美术出版社，2014.

[3] 丁春娟.建筑装饰手绘表现技法[M].北京：中国水利水电出版社，2010.

[4] 夏克梁.建筑画——麦克笔表现[M].南京：东南大学出版社，2004.

[5] 陈红卫.手绘之旅——陈红卫手绘表现2[M].郑州：海燕出版社，2008.

[6] 赵国斌.室内设计——手绘效果图表现技法[M].福州：福建美术出版社，2006.

[7] 赵志军.室内设计效果图[M].沈阳：辽宁美术出版社，2005.

[8] 符宗荣.室内设计表现图技法[M].北京：中国建筑工业出版社，2005.

[9] 刘晨橱，刘艳伟.手绘景观设计表现技法[M].南昌：江西美术出版社，2010.

[10] 张奇.室内设计手绘快速表现[M].上海：上海人民美术出版社，2007.

[11] 夏克梁，刘宇，孙明.写生·设计（第二辑）[M].天津：天津大学出版社，2007.

[12] 李强.手绘设计表现[M].天津：天津大学出版社，2004.

[14] 张奇.钢笔画技法[M].上海：上海人民美术出版社，2007.

[15] 熊建新，支林.现代室内环境设计[M].武汉：武汉理工大学出版社，2005.

[16] 胡华中.建筑·景观·室内设计手绘表现技法[M].北京：北京大学出版社，2012.

[17] 张晓晶.室内手绘快速表现[M].北京：化学工业出版社，2010.

[18] 严肃.手绘效果图表现技法[M].长春：东北师范大学出版社，2011.

[19] 冯信群.刘晓东.手绘室内效果图表现技法[M].南昌：江西美术出版社，2010.

[20] 赵国斌.手绘效果图表现技法——室内设计[M].福州：福建美术出版社，2006.